橋爪の
これだけで合格！
無機化学
15題
[改訂版]　橋爪健作 著

旺文社

はじめに

　大学入試問題は，「はじめのきっかけ」をつかめば，後はどのように練習してもどんどん解けるようになります。この「きっかけ」がつかめないために，力ずくで化学を丸暗記し受験を乗り越えていこうとする人を多く見てきましたが，やはり非効率な方法で乗り越えようとすると，他の科目の勉強に影響が出たり，あるところで伸びなくなったりすることが多くなります。また，大学側も暗記学習中心の学生が太刀打ちできないような問題を出題していますし，何より受験勉強がつらいだけのものになってしまいます。

　そこで，問題が解けるようになるための「はじめのきっかけ」を，**大学が望んでいる学生に成長しながらつかめるように**本書を執筆しました。また，受験生には時間がありません。化学以外の科目も勉強しなければいけませんし，部活がある人や家の手伝いが大変な人もいるでしょうから，**問題数を必要最低限に絞り込んであります**。各 **STEP** を熟読してから，問題を解いてみてください。**1**～**15**のどこから読んでも実力がつくように作ってありますが，各問題や問題の解説，**STEP** の内容には独自の工夫がしてあり，**1から順に読んで解いていくと実力が徐々にあがっていくようになっています**ので，できれば順に勉強して下さい。

　また，本書を勉強するときには，次の①～③に注意して下さい。
　①各 **STEP** ででてくる内容を熟読する。
　②問題は必ずノートに答えを書いてから，解説をチェックする。
　③最低2回は繰り返す。
　みなさんが本書を十分活用して，目標の大学に合格できることを期待しています。

橋爪 健作

本書の使い方

効率よく無機化学をマスターするために、押さえていく内容を示しています。

無機化学の反応式一覧(p.76〜)の番号と一致しています。
これがついている化学反応式は、理解し覚えましょう。

これを知っていると試験で役に立つ!! ということが書かれています。

関連する内容が書かれているページを示してあります。

問題の難易度を示してあります。
★の数が増えるほど難易度が増します。

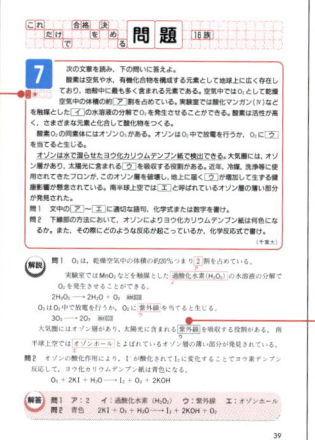

さまざまな入試問題に通用する解き方をていねいに示してあります。

目次

はじめに …………………………………………… 2

本書の使い方 ……………………………………… 3

1 気体の発生実験 PART1 …………………………… 8

2 気体の発生実験 PART2 …………………………… 14

3 沈殿 PART1 ………………………………………… 18

4 沈殿 PART2 ………………………………………… 24

5 17族－ハロゲン－ PART1 ………………………… 30

6 17族－ハロゲン－ PART2 ………………………… 34

7 16族－酸素O－ …………………………………… 38

8 16族－硫黄S－ …………………………………… 40

9 15族－窒素N－ …………………………………… 44

10 15族－リンP－ …………………………………… 48

11 14族－ケイ素Si－ ·· 52

12 1・2族 ·· 56

13 13族－アルミニウムAl－ ································ 62

14 遷移元素－鉄Fe－ ·· 66

15 遷移元素－銅Cu・クロムCr－ ······················· 70

無機化学の反応式一覧 ·· 75

――――――― 著者紹介 ―――――――

橋爪 健作（はしづめ けんさく）

学研グループ特任講師・駿台予備学校講師。やさしい語り口調と，情報が体系的に整理された明快な板書で大人気。群を抜く指導力も折り紙つき。基礎から応用まであらゆるレベルに対応するその授業は，丁寧でわかりやすく，受験生はもちろん高校1，2年生からも圧倒的な支持を得ている。著書に，『化学（化学基礎・化学）入門問題精講 改訂版』『化学（化学基礎・化学）基礎問題精講 三訂版』『化学（化学基礎・化学）標準問題精講 五訂版』（以上，共著。旺文社），『橋爪のゼロから劇的！にわかる 理論化学の授業』『橋爪のゼロから劇的！にわかる 無機・有機化学の授業』（以上，旺文社），『センター試験 化学基礎の点数が面白いほどとれる本』『センター試験 化学の点数が面白いほどとれる本』（以上，中経出版）などがある。

気体の発生実験と沈殿

無機分野で問われるコア部分

❶～❹が無機化学を体系的に学習する上での最重要内容になります。
この4題を徹底的にマスターすることで，
❺からの 元素別各論 をスムーズに理解し，無機化学を得意分野にすることができるようになるはずです。

1 気体の発生実験

STEP 1 実験室でのおもな気体の製法パターンを暗記!!

おもな気体の製法パターンとして，次の4つを覚えましょう。

パターン は4つ!!

① 酸・塩基　② 濃硫酸の利用（不揮発性・脱水作用）
③ 熱分解　　④ 酸化・還元

STEP 2

パターン①　酸・塩基反応の利用!!

酸・塩基反応を利用して，弱酸や弱塩基の気体を発生させます。

「弱酸の陰イオン」＋「強酸」── →「弱酸」＋「強酸の陰イオン」　← 暗記

考え方 弱酸の陰イオンは，H^+ と結びつきやすい!!

$S^{2-} + 2HCl \longrightarrow H_2S + 2Cl^-$
$FeS + 2HCl \longrightarrow H_2S + FeCl_2$
両辺に Fe^{2+} を加える　H_2S の製法　反式 01

$S^{2-} + H_2SO_4 \longrightarrow H_2S + SO_4^{2-}$
$FeS + H_2SO_4 \longrightarrow H_2S + FeSO_4$
両辺に Fe^{2+} を加える　H_2S の製法　反式 02

解説 弱酸である硫化水素 H_2S の陰イオン S^{2-} に，強酸の塩酸や希硫酸をそそぐことで H_2S が発生します。

$CO_3^{2-} + 2HCl \longrightarrow H_2CO_3 + 2Cl^-$
（H_2O と CO_2 に分解します！）
$CaCO_3 + 2HCl \longrightarrow H_2O + CO_2 + CaCl_2$
両辺に Ca^{2+} を加える　CO_2 の製法　反式 03

解説 弱酸である炭酸 H_2CO_3（→ H_2O と CO_2 に分解する）の陰イオン CO_3^{2-} に，強酸の塩酸をそそぐことで CO_2 が発生します。

$SO_3^{2-} + H_2SO_4 \longrightarrow H_2SO_3 + SO_4^{2-}$
（H_2O と SO_2 に分解します！）
$Na_2SO_3 + H_2SO_4 \longrightarrow H_2O + SO_2 + Na_2SO_4$
両辺に $2Na^+$ を加える　SO_2 の製法　反式 04

解説 弱酸である亜硫酸 H_2SO_3（→ H_2O と SO_2 に分解）の陰イオン SO_3^{2-} に，強酸の希硫酸をそそぐことで SO_2 が発生します。

「弱塩基の陽イオン」＋「強塩基」── →「弱塩基」＋「強塩基の陽イオン」　← 暗記

考え方 弱塩基の陽イオンは，OH^- と結びつきやすい!!

$NH_4^+ + NaOH \longrightarrow NH_3 + H_2O + Na^+$
$NH_4Cl + NaOH \longrightarrow NH_3 + H_2O + NaCl$
両辺に Cl^- を加える　NH_3 の製法　

解説 弱塩基であるアンモニア NH_3 の陽イオン NH_4^+ に，強塩基の水酸化ナトリウムを混ぜて加熱すると NH_3 が発生します。

STEP 3 パターン❷ 濃硫酸の不揮発性や脱水作用

その❶ 硫酸の沸点が高い(→**不揮発性**といいます)ことを利用して,濃硫酸(沸点約300℃)よりも沸点が低いつまり**揮発性の酸**であるHCl(沸点−80℃)やHF(沸点20℃)を発生させることができます。

例えば,NaClを濃硫酸に加えて加熱すると,HClが発生します。

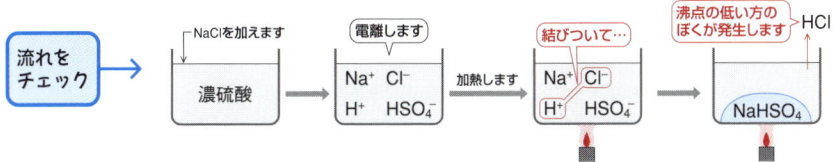

「揮発性の酸の塩」+「不揮発性の酸(濃硫酸)」
→加熱 「揮発性の酸(HClやHFなど)」+「不揮発性の酸の塩」 ←暗記

$NaCl + H_2SO_4 \longrightarrow HCl + NaHSO_4$ HClの製法 反式 06
$CaF_2 + H_2SO_4 \longrightarrow 2HF + CaSO_4$ HFの製法 反式 07
 ホタル石 主成分がフッ化カルシウム   HFの時は2mol発生することに注意！

その❷ 濃硫酸が物質からH_2Oをうばう働き(→**脱水作用**といいます)を利用して気体を発生させることができます。

反応させる物質から濃H_2SO_4がH_2Oをうばう。 ←暗記

COが発生します H_2Oがうばわれました
$HCOOH \longrightarrow CO + H_2O$ COの製法 反式 08

解説 ギ酸HCOOHに濃硫酸を加えて加熱すると,COが発生します。

STEP 4 パターン❸ 熱分解

加熱して,バラバラになる反応を**熱分解反応**といいます。

$KClO_3$ | $KClO_3$ を加熱すると $2KCl$ と $3O_2$ に分解する。 ←暗記
         ↑バラバラになるよ
$2KClO_3 \longrightarrow 2KCl + 3O_2$ O_2の製法 反式 09

解説 塩素酸カリウム$KClO_3$に酸化マンガン(Ⅳ)を触媒として加えて加熱すると,O_2が発生します。
 ↑触媒は反応式にはふつう書きません

NH_4^+ NO_2^- を加熱すると N_2 と $2H_2O$ に分解する。 ←暗記
         ↑バラバラになるよ
$NH_4NO_2 \longrightarrow N_2 + 2H_2O$ N_2の製法 反式 10

解説 亜硝酸アンモニウムNH_4NO_2水溶液を加熱するとN_2が発生します。

STEP 5 パターン④ 酸化・還元反応の利用

酸化剤と還元剤の電子e^-を含むイオン反応式から，気体を発生する酸化・還元の反応式をつくることができます。

(1) 金属のイオン化列を利用して覚えましょう。

ゴロ合わせ																
	リ	カ	バ	カ	ナ	マ	ア	ア	テ	ニ	ス	ナ	ヒ	ド	ス ギル借金
	Li	K	Ba	Ca	Na	Mg	Al	Zn	Fe	Ni	Sn	Pb	(H₂)	Cu	Hg Ag Pt Au

(大きい) ← イオン化傾向 → (小さい)

← 希硫酸や塩酸に溶けて，H_2発生。（Pbは$PbSO_4$や$PbCl_2$がその表面をおおって反応しにくい）
← 熱濃硫酸・濃硝酸・希硝酸に溶ける。（Fe, Ni, Alは濃硝酸と不動態をつくる。）

例1 水素よりもイオン化傾向の大きな金属であるZnは，希硫酸や塩酸から電離して出てきたH^+と反応してH_2を発生します。

$2H^+ + 2e^- \longrightarrow H_2$ ←暗記 H_2の製法

$\begin{cases} Zn \longrightarrow Zn^{2+} + 2e^- & \cdots① \text{ Znは}Zn^{2+}\text{へ変化} \\ 2H^+ + 2e^- \longrightarrow H_2 & \cdots② \text{ }H^+\text{は}H_2\text{へ変化} \end{cases}$

①+②より，$Zn + 2H^+ \longrightarrow Zn^{2+} + H_2$ …(*)

$Zn + 2HCl \longrightarrow ZnCl_2 + H_2$ 反応式11 (*)の両辺に2Cl⁻を加える
$Zn + H_2SO_4 \longrightarrow ZnSO_4 + H_2$ 反応式12 (*)の両辺にSO_4^{2-}を加える

例2 Ag以上のイオン化傾向であるCuは，熱濃硫酸と反応してSO_2，濃硝酸と反応してNO_2，希硝酸と反応してNOを発生します。

$H_2SO_4 + 2H^+ + 2e^- \longrightarrow SO_2 + 2H_2O$ ←暗記 SO_2の製法

$\begin{cases} Cu \longrightarrow Cu^{2+} + 2e^- & \cdots① \text{ Cuは}Cu^{2+}\text{へ} \\ H_2SO_4 + 2H^+ + 2e^- \longrightarrow SO_2 + 2H_2O & \cdots② \text{ 濃}H_2SO_4\text{は}SO_2\text{へ} \end{cases}$

①+②より，$Cu + H_2SO_4 + 2H^+ \longrightarrow Cu^{2+} + SO_2 + 2H_2O$
$Cu + 2H_2SO_4 \longrightarrow CuSO_4 + SO_2 + 2H_2O$ ← 両辺にSO_4^{2-}を加える 反応式13

$HNO_3 + H^+ + e^- \longrightarrow NO_2 + H_2O$ ←暗記 NO_2の製法

$\begin{cases} Cu \longrightarrow Cu^{2+} + 2e^- & \cdots① \text{ Cuは}Cu^{2+}\text{へ} \\ HNO_3 + H^+ + e^- \longrightarrow NO_2 + H_2O & \cdots② \text{ 濃}HNO_3\text{は}NO_2\text{へ} \end{cases}$

①+②×2より，

$Cu + 2HNO_3 + 2H^+ \longrightarrow Cu^{2+} + 2NO_2 + 2H_2O$
$Cu + 4HNO_3 \longrightarrow Cu(NO_3)_2 + 2NO_2 + 2H_2O$ ← 両辺に$2NO_3^-$を加える 反応式14

$HNO_3 + 3H^+ + 3e^- \longrightarrow NO + 2H_2O$ ←暗記 NOの製法

$\begin{cases} Cu \longrightarrow Cu^{2+} + 2e^- & \cdots① \text{ Cuは}Cu^{2+}\text{へ} \\ HNO_3 + 3H^+ + 3e^- \longrightarrow NO + 2H_2O & \cdots② \text{ 希}HNO_3\text{はNOへ} \end{cases}$

①×3+②×2より，

$3Cu + 2HNO_3 + 6H^+ \longrightarrow 3Cu^{2+} + 2NO + 4H_2O$
$3Cu + 8HNO_3 \longrightarrow 3Cu(NO_3)_2 + 2NO + 4H_2O$ ← 両辺に$6NO_3^-$を加える 反応式15

(2) $2Cl^- \longrightarrow Cl_2 + 2e^-$ の反応を利用して，Cl_2を発生させることができます。

解説 Cl^-を含んでいる濃HClを，酸化剤である酸化マンガン(Ⅳ)MnO_2と反応させてCl_2を発生させることができます。

暗記 〔Cl_2の製法〕 $2Cl^- \longrightarrow Cl_2 + 2e^-$

$$\begin{cases} MnO_2 + 4H^+ + 2e^- \longrightarrow Mn^{2+} + 2H_2O & \cdots① \ MnO_2はMn^{2+}へ \\ 2Cl^- \longrightarrow Cl_2 + 2e^- & \cdots② \ Cl^-はCl_2へ \end{cases}$$

①+②より，$MnO_2 + 4H^+ + 2Cl^- \longrightarrow Mn^{2+} + Cl_2 + 2H_2O$ 両辺に2Cl⁻を加える
$MnO_2 + 4HCl \longrightarrow MnCl_2 + Cl_2 + 2H_2O$ 〔反応式 16〕

(3) 過酸化水素H_2O_2に酸化マンガン(Ⅳ)MnO_2を**触媒**として加えます。

暗記 〔O_2の製法〕 H_2O_2が酸化剤にも還元剤にもなる

$$\begin{cases} H_2O_2 + 2H^+ + 2e^- \longrightarrow 2H_2O & \cdots① \ H_2O_2が酸化剤として反応 \\ H_2O_2 \longrightarrow O_2 + 2H^+ + 2e^- & \cdots② \ H_2O_2が還元剤として反応 \end{cases}$$

①+②より，$2H_2O_2 \longrightarrow O_2 + 2H_2O$ 〔反応式 17〕
(触媒はふつう反応式に書きません)

STEP 6 気体の性質と捕集法をおさえる!!

気体のもつそれぞれの性質は，暗記しましょう。

有色の気体	O_3(淡青色)，F_2(淡黄色)，Cl_2(黄緑色)，NO_2(赤褐色)	←4つだけ
臭いのある気体	Cl_2, NH_3, HCl, NO_2, SO_2(刺激臭), H_2S(腐卵臭), O_3(特異臭)	←酸性や塩基性の気体に多い
水への溶解性と水溶液の液性	水に溶けにくい気体(中性気体) $NO, CO, H_2, O_2, N_2, CH_4, C_2H_4, C_2H_2$	
	水に溶け塩基性を示す気体 NH_3 ←塩基性はこれだけ	
	水に溶け酸性を示す気体 $Cl_2, HF, HCl, H_2S, CO_2, SO_2, NO_2$	

暗記のポイント

水に溶けにくい気体(中性気体)は，ゴロ合わせを使って，
農NO，エCO，水H_2，産O_2，地N_2，油(CH_4, C_2H_4, C_2H_2)
　　　　　　　　　　　　　　　　　　　　→石油から得られる有機化合物を表す
塩基性の気体はNH_3だけ，
残りは酸性の気体　と覚えましょう。

気体の捕集法もあわせて覚えましょう。

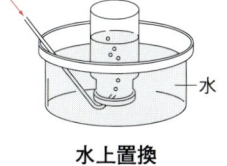

水上置換
水に溶けにくい気体，
農工水産地油を集めます。

上方置換
水に溶け，空気より軽い気体
➡NH_3を集めます。

下方置換
水に溶け，空気より重い気体
➡酸性気体を集めます。

これだけで合格を決める問題 気体の発生実験(PART1)

1 ★★☆

気体の発生を伴う次の反応(A〜G)について下の問いに答えよ。
A：硫化鉄(Ⅱ)を塩酸に加える。
B：炭酸カルシウムを空気中で加熱して分解する。
C：塩化ナトリウムに濃硫酸を加えて加熱する。
D：亜鉛片を塩酸に浸す。
E：二酸化マンガンに濃塩酸を加えて加熱する。
F：二酸化マンガンを触媒にして過酸化水素を分解する。
G：塩化アンモニウムに水酸化カルシウムを加えて加熱する。

問1 A〜Gで起こる変化を化学反応式で示せ。

問2 Cの反応で発生した気体を捕集するには次のどの方法が適当か。記号で答えよ。
　a　水上置換　　b　下方置換　　c　上方置換

問3 反応Dの亜鉛と同様な反応をしないものを次の金属の中からすべて選び，記号で答えよ。
　a　アルミニウム　　b　金　　c　ニッケル

問4 Eの反応におけるマンガンの酸化数の変化を示せ。

問5 Cの反応とGの反応で発生する気体が空気中で触れるとどのような現象が見られるか。

〔早大－教育〕

解説 問1　A〜Gの化学反応式は，次のようにつくればよい。

A **パターン①** 酸・塩基反応を利用する。
$$S^{2-} + 2HCl \longrightarrow H_2S + 2Cl^-$$
両辺にFe^{2+}を加えると，
$$FeS + 2HCl \longrightarrow H_2S + FeCl_2 \quad \text{↪ p.8}$$

B **パターン③** 熱分解反応を利用する。
炭酸イオンCO_3^{2-}が加熱されると，CO_2とO^{2-}に分解します。

　　　　加熱　　$O=C=O + O^{2-}$　　●初めてでてきました。ここで覚えましょう。

両辺にCa^{2+}を加えると，
$$CaCO_3 \longrightarrow CO_2 + CaO$$

C **パターン②** 濃硫酸の不揮発性を利用する。
$$NaCl + H_2SO_4 \longrightarrow HCl + NaHSO_4 \quad \text{↪ p.9}$$

D **パターン④** 酸化・還元反応を利用する。

$$2H^+ + 2e^- \longrightarrow H_2$$
$$+)\quad Zn \longrightarrow Zn^{2+} + 2e^-$$
$$\overline{Zn + 2H^+ \longrightarrow Zn^{2+} + H_2}$$

両辺に $2Cl^-$ を加えると，
$$Zn + 2HCl \longrightarrow ZnCl_2 + H_2 \ \text{↪p.10}$$

E **パターン④** 酸化・還元反応を利用する。

$$2Cl^- \longrightarrow Cl_2 + 2e^-$$
$$+)\quad MnO_2 + 4H^+ + 2e^- \longrightarrow Mn^{2+} + 2H_2O$$
$$\overline{MnO_2 + 4H^+ + 2Cl^- \longrightarrow Mn^{2+} + Cl_2 + 2H_2O}$$

両辺に $2Cl^-$ を加えると，
$$MnO_2 + 4HCl \longrightarrow MnCl_2 + Cl_2 + 2H_2O \ \text{↪p.11}$$

F **パターン④** 酸化・還元反応を利用する。

$$H_2O_2 + 2H^+ + 2e^- \longrightarrow 2H_2O$$
$$+)\quad H_2O_2 \longrightarrow O_2 + 2H^+ + 2e^-$$
$$\overline{2H_2O_2 \longrightarrow O_2 + 2H_2O} \ \text{↪p.11}$$

G **パターン①** 酸・塩基反応を利用する。

$$2NH_4^+ + 2OH^- \longrightarrow 2NH_3 + 2H_2O$$

◎ $Ca(OH)_2$（2価の強塩基）を反応させるので2倍しています。

両辺に $2Cl^-$ と Ca^{2+} を加えると，
$$2NH_4Cl + Ca(OH)_2 \longrightarrow 2NH_3 + 2H_2O + CaCl_2$$

問2 HClは，農NO，工CO，水H_2，産O_2，地N_2，油(CH_4，$CH_2=CH_2$，$CH\equiv CH$)でな
　　　　　　　↳水上置換で捕集する気体
く，NH_3でもないので下方置換で捕集する。
　　↳上方置換で捕集する気体

（補足）HClは，水に溶けやすい気体で，空気の平均分子量(見かけの分子量)29より分子量が大きいために，空気より密度が大きくなり空気より重いので下方置換で捕集する。

問3 水素よりもイオン化傾向の小さな金属である金Auは，反応しない。

問4 $\underset{+4}{MnO_2} \longrightarrow \underset{+2}{Mn^{2+}}$
酸化数

問5 Cで発生するHClとGで発生するNH_3が空気中で触れると，次の反応がおこり，白煙が生じる。　$NH_3 + HCl \longrightarrow NH_4Cl$

解答 問1　A：$FeS + 2HCl \longrightarrow FeCl_2 + H_2S$　　B：$CaCO_3 \longrightarrow CaO + CO_2$
　　　　　　C：$NaCl + H_2SO_4 \longrightarrow NaHSO_4 + HCl$
　　　　　　D：$Zn + 2HCl \longrightarrow ZnCl_2 + H_2$
　　　　　　E：$MnO_2 + 4HCl \longrightarrow MnCl_2 + 2H_2O + Cl_2$
　　　　　　F：$2H_2O_2 \longrightarrow 2H_2O + O_2$
　　　　　　G：$2NH_4Cl + Ca(OH)_2 \longrightarrow CaCl_2 + 2H_2O + 2NH_3$
　　　問2　b　　問3　b　　問4　$+4 \rightarrow +2$　　問5　白煙を生じる。

2 気体の発生実験

STEP 1 加熱を必要とする反応を4つ暗記‼

重要

実験装置に関する問題で，加熱しているかを判断させる場合があります。次の4つを覚えておきましょう。

① アンモニア NH_3 を発生させる反応
② 濃硫酸を使う反応
③ 熱分解反応
④ 濃塩酸 HCl と酸化マンガン(Ⅳ) MnO_2 の反応

STEP 2 一覧表で整理する‼

で，主な気体の製法パターン4つとSTEP1で加熱を必要とする反応4つを学習しました。次の一覧表を見ながら頭の中を整理しましょう。

パターン① 酸・塩基 反応の利用	硫化水素 H_2S	硫化鉄(Ⅱ)に塩酸，または希硫酸をそそぐ。	$FeS + 2HCl \longrightarrow H_2S + FeCl_2$ $FeS + H_2SO_4 \longrightarrow H_2S + FeSO_4$
	二酸化炭素 CO_2	炭酸カルシウムに塩酸をそそぐ。	$CaCO_3 + 2HCl$ $\longrightarrow H_2O + CO_2 + CaCl_2$
	二酸化硫黄 SO_2	亜硫酸ナトリウムに希硫酸をそそぐ。	$Na_2SO_3 + H_2SO_4$ $\longrightarrow Na_2SO_4 + H_2O + SO_2$
	アンモニア NH_3	塩化アンモニウムに水酸化ナトリウムを加えて**熱する**。	$NH_4Cl + NaOH$ $\longrightarrow NaCl + NH_3 + H_2O$
パターン② 濃硫酸の 不揮発性	塩化水素 HCl	塩化ナトリウムに濃硫酸を加えて**熱する**。	$NaCl + H_2SO_4$ $\longrightarrow NaHSO_4 + HCl$
	フッ化水素 HF	ホタル石(CaF_2)に濃硫酸を加えて**熱する**。	$CaF_2 + H_2SO_4$ $\longrightarrow 2HF + CaSO_4$
脱水作用	一酸化炭素 CO	ギ酸に濃硫酸を加えて**熱する**。	$HCOOH \longrightarrow CO + H_2O$
パターン③ 熱分解 反応の利用	酸素 O_2	塩素酸カリウムに酸化マンガン(Ⅳ)を触媒として加えて**熱する**。	$2KClO_3 \longrightarrow 2KCl + 3O_2$
	窒素 N_2	亜硝酸アンモニウム水溶液を**熱する**。	$NH_4NO_2 \longrightarrow N_2 + 2H_2O$

パターン ④
酸化・還元
反応の利用

水　素 H_2	水素よりもイオン化傾向の大きな金属と塩酸や希硫酸を反応させる。	$Zn + H_2SO_4$ $\longrightarrow ZnSO_4 + H_2$
二酸化硫黄 SO_2	銅に**熱**濃硫酸を加える。	$Cu + 2H_2SO_4$ $\longrightarrow CuSO_4 + 2H_2O + SO_2$
二酸化窒素 NO_2	銅に濃硝酸をそそぐ。	$Cu + 4HNO_3$ $\longrightarrow Cu(NO_3)_2 + 2H_2O + 2NO_2$
一酸化窒素 NO	銅に希硝酸をそそぐ。	$3Cu + 8HNO_3$ $\longrightarrow 3Cu(NO_3)_2 + 4H_2O + 2NO$
塩　素 Cl_2	酸化マンガン(IV)に塩酸を加えて**熱**する。	$MnO_2 + 4HCl$ $\longrightarrow MnCl_2 + 2H_2O + Cl_2$
酸　素 O_2	過酸化水素水に酸化マンガン(IV)を触媒として加える。	$2H_2O_2 \longrightarrow 2H_2O + O_2$

STEP 3　気体の検出法をチェック!!

検出できる気体	検　出　法
1 H_2S または SO_2	H_2S と SO_2 を反応させると水溶液が白濁する。 $\begin{cases} H_2S \longrightarrow S + 2H^+ + 2e^- & \cdots ① \\ SO_2 + 4H^+ + 4e^- \longrightarrow S + 2H_2O & \cdots ② \end{cases}$ ①×2＋②より，$2H_2S + SO_2 \longrightarrow 3S\downarrow(白濁) + 2H_2O$　反応式 18
2 CO_2	石灰水($Ca(OH)_2$水)で 白濁する。 　　　　　$CO_2 + H_2O \longrightarrow H_2CO_3$　●水に溶けて炭酸H_2CO_3生成 ＋) $H_2CO_3 + Ca(OH)_2 \longrightarrow CaCO_3 + 2H_2O$　●$Ca(OH)_2$と中和反応 　　　　　$CO_2 + Ca(OH)_2 \longrightarrow CaCO_3\downarrow(白濁) + H_2O$　反応式 19
3 NH_3 または HCl	NH_3 と HCl を空気中で反応させると白煙を生じる。 $NH_3 + HCl \longrightarrow NH_4Cl$(白煙)　●中和反応　反応式 20
4 NO	空気に触れると赤褐色になる。 $2NO$(無色) $+ O_2 \longrightarrow 2NO_2$(赤褐色)　反応式 21
5 NH_3	水で湿らせた赤色リトマス紙を青変する。 NH_3 は，塩基性の気体
6 Cl_2, O_3	ヨウ化カリウム KI デンプン紙を青変する。 　Cl_2, O_3　KIデンプン紙　→　I^- が I_2 に酸化される　→　ヨウ素デンプン反応により青変
7 Cl_2, O_3, SO_2	リトマス紙を脱色する。 Cl_2，O_3，SO_2 には，漂白作用がある。

これだけで合格を決める問題 気体の発生実験(PART 2)

2 ★★★

5種類の無色の気体A，B，C，D，Eを別々に容器に入れた。各容器を温め，これらの気体の臭いを嗅いだ。気体Aは腐卵臭が，気体BとDは刺激臭があった。また，気体Eは無臭であった。

次にリトマス紙*を容器に入れたところ，気体AとDの中では青色リトマス紙が赤に変色し，気体Bの中では赤色リトマス紙が青に変色した。また，気体CとEの中ではリトマス紙の変色は観察されなかった。

気体Cは空気に触れると無色から赤褐色に変わり，この赤褐色の気体は刺激臭があり，青色リトマス紙を赤に変色させた。気体Bと空気の混合物を800℃に加熱した白金の金網に触れさせたところ，気体Cと水が生じた。気体Eは金属ナトリウムを常温で水と反応させると生じた。気体Aは実験室で金属イオンの分離に，気体Bは肥料の原料に使われている。気体CとDは今日社会問題となっている酸性雨の原因物質と考えられている。次の問いに答えよ。

*リトマス紙は湿らせてある。

問1 気体A，B，C，D，Eの化学式を，それぞれ記せ。

問2 気体A，B，C，D，Eそれぞれを発生させるとき，必要な試薬の組合せを甲群a～eから，発生及び捕集に必要なもっとも適当な装置を乙群 i～v から1つずつ選べ。ただし，同じものを反復して選んでもよい。

(甲群) a 塩酸と亜鉛　　b 濃硫酸と銀　　c 希硫酸と硫化鉄(II)
　　　 d 希硝酸と銅　　e 塩化アンモニウムと水酸化カルシウム

(乙群) i　　　　　　ii　　　　　　iii

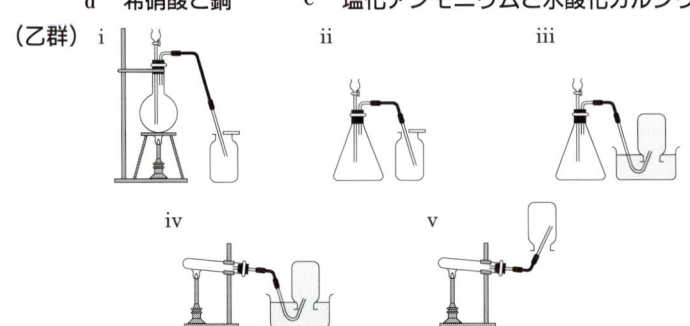

iv　　　　　　v

問3 文中の下線部の反応を，化学反応式で記せ。

〔立教大〕

問1～3 気体Aは，腐卵臭があるのでH_2Sとわかる。↳p.11
　H_2Sは，cの硫化鉄(Ⅱ)に強酸である希硫酸をそそぐことで発生する。
$$FeS + H_2SO_4 \longrightarrow H_2S + FeSO_4 \quad \text{↳p.8}$$
この反応は加熱の必要はなく，H_2Sは下方置換で捕集するので，実験装置は$ⅱ$となる。

気体Bは，赤色リトマス紙を青色に変色するので，塩基性気体のNH_3とわかる。
NH_3は，eの塩化アンモニウムに水酸化カルシウムを加えて加熱することで発生する。
$$2NH_4Cl + Ca(OH)_2 \longrightarrow 2NH_3 + 2H_2O + CaCl_2 \quad \text{↳p.13}$$
この反応は加熱の必要があり，NH_3は上方置換で捕集するので，実験装置は$ⅴ$となる。
　↳**❶アンモニアを発生させる反応**

気体Cは，空気に触れると無色から赤褐色に変わるので，NOとわかる。
$$2NO(無色) + O_2 \longrightarrow 2NO_2(赤褐色) \quad \leftarrow \text{問3の解答}$$
NOは，dの銅に希硝酸をそそぐことで発生する。
$$3Cu + 8HNO_3 \longrightarrow 3Cu(NO_3)_2 + 4H_2O + 2NO \quad \text{↳p.10}$$
この反応は加熱の必要はなく，NOは水上置換で捕集するので，実験装置は$ⅲ$となる。

気体Dは，青色リトマス紙を赤色に変色するので，酸性気体とわかる。ここで，(甲群)の選択肢でまだ調べていないaとbでは，それぞれ次の気体が発生する。

a　塩酸と亜鉛 → H_2：中性気体で無臭
b　濃硫酸と銀 → SO_2：酸性気体で刺激臭

よって，SO_2が気体Dとわかり，必要な試薬の組合せはbとなる。Agは熱濃硫酸と次のように反応する。
$$\begin{cases} Ag \longrightarrow Ag^+ + e^- & \cdots ① \\ H_2SO_4 + 2H^+ + 2e^- \longrightarrow SO_2 + 2H_2O & \cdots ② \end{cases}$$
①×2＋②より，$2Ag + H_2SO_4 + 2H^+ \longrightarrow 2Ag^+ + SO_2 + 2H_2O$
両辺にSO_4^{2-}を加えると，
$$2Ag + 2H_2SO_4 \longrightarrow Ag_2SO_4 + SO_2 + 2H_2O$$
この反応は加熱の必要があり，SO_2は下方置換で捕集するので，実験装置は$ⅰ$となる。
　↳**❷濃硫酸を使う反応**

気体Eは，無臭，リトマス紙を変色しない中性の気体であり，aで発生するH_2とわかる。
$$Zn + 2HCl \longrightarrow ZnCl_2 + H_2 \quad \text{↳p.10}$$
この反応は加熱の必要はなく，H_2は水上置換で捕集するので，実験装置は$ⅲ$となる。

解答　問1　A：H_2S　　B：NH_3　　C：NO　　D：SO_2　　E：H_2
　　　　問2　A：c, ⅱ　　B：e, ⅴ　　C：d, ⅲ　　D：b, ⅰ　　E：a, ⅲ
　　　　問3　$2NO + O_2 \longrightarrow 2NO_2$

3 沈殿

PART 1

STEP 1 まずは，「沈殿のようす」をおさえる!!

おさえるポイント

ある水溶液どうしを混ぜた時に，

出合った陽イオンと陰イオンの組み合わせが，非常に水に溶けにくい物質になると

そのほとんどが容器の底に沈殿します。

例 NaCl 水溶液に $AgNO_3$ 水溶液を加えると，AgCl が沈殿します。

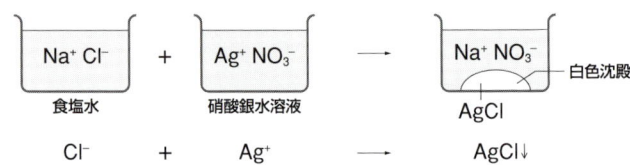

$Cl^- + Ag^+ \longrightarrow AgCl\downarrow$

覚えるポイント

ここで覚えるポイントは次の 2 つになります。

① どの陽イオンとどの陰イオンの組み合わせが沈殿するか。

② 水溶液中の金属イオンの色と沈殿の色

STEP 2 沈殿の組み合わせを陰イオンから暗記する!!

陰イオンから陽イオンをみて，沈殿するかどうかを覚えていきましょう。

1 NO_3^-　どの陽イオンとも沈殿しない。

2 Cl^-　Ag^+，Pb^{2+} などと沈殿する。

$Ag^+ + Cl^- \longrightarrow AgCl\downarrow$ (白)

$2AgCl \xrightarrow{\text{光}} 2Ag + Cl_2$

（光が当たると分解しやすい性質（⇒**感光性**）があります）

$Pb^{2+} + 2Cl^- \longrightarrow PbCl_2\downarrow$ (白)

$PbCl_2 \xrightarrow{\text{加熱}} Pb^{2+} + 2Cl^-$

（熱湯に溶けます）

ゴロ合わせ ▶ 現(Ag^+)ナマ(Pb^{2+})で苦労(Cl^-)する!!

3 SO_4^{2-}　Ba^{2+}，Ca^{2+}，Sr^{2+}，Pb^{2+} と沈殿する。

$Ba^{2+} + SO_4^{2-} \longrightarrow BaSO_4\downarrow$ (白)

$Ca^{2+} + SO_4^{2-} \longrightarrow CaSO_4\downarrow$ (白)

$Sr^{2+} + SO_4^{2-} \longrightarrow SrSO_4\downarrow$ (白)

$Pb^{2+} + SO_4^{2-} \longrightarrow PbSO_4\downarrow$ (白)

ゴロ合わせ ▶ バ(Ba^{2+})カ(Ca^{2+})にする(Sr^{2+})な(Pb^{2+})硫さん(SO_4^{2-})!!

4　CO_3^{2-}　　Ba^{2+}，Ca^{2+}，Sr^{2+}などと沈殿する。

$Ba^{2+} + CO_3^{2-} \longrightarrow BaCO_3\downarrow$（白）
$Ca^{2+} + CO_3^{2-} \longrightarrow CaCO_3\downarrow$（白）
$Sr^{2+} + CO_3^{2-} \longrightarrow SrCO_3\downarrow$（白）

▶ ゴロ合わせ　バ（Ba^{2+}）カ（Ca^{2+}）にする（Sr^{2+}）炭さん（CO_3^{2-}）!!

5　CrO_4^{2-}　　Ba^{2+}，Pb^{2+}，Ag^+などと沈殿する。

$Ba^{2+} + CrO_4^{2-} \longrightarrow BaCrO_4\downarrow$（黄）
$Pb^{2+} + CrO_4^{2-} \longrightarrow PbCrO_4\longrightarrow$（黄）
$2Ag^+ + CrO_4^{2-} \longrightarrow Ag_2CrO_4\downarrow$（赤褐）

▶ ゴロ合わせ　バ（Ba^{2+}）ナナ（Pb^{2+}）を銀（Ag^+）貨でかったら苦労（CrO_4^{2-}）した。

6　OH^-　　アルカリ金属イオンとアルカリ土類金属イオン以外と沈殿する。

NaOH水溶液やNH₃水を「適量」加えて塩基性にすると、アルカリ金属とアルカリ土類金属を除く金属イオンが沈殿します。

▶ 覚えるコツ　イオン化傾向と対応させて覚えると忘れにくい。

Li^+ K^+ Ba^{2+} Ca^{2+} Na^+	Mg^{2+} Al^{3+} Zn^{2+} Fe^{3+} Fe^{2+} Ni^{2+} Sn^{2+} Pb^{2+} Cu^{2+}	Hg^{2+} Ag^+
沈殿しない	水酸化物が沈殿	酸化物が沈殿

↑
アルカリ金属やアルカリ
土類金属のイオン

$HgO\downarrow$（黄），$Ag_2O\downarrow$（褐）

$Mg(OH)_2\downarrow$（白），　$Al(OH)_3\downarrow$（白），$Zn(OH)_2\downarrow$（白），$Fe(OH)_3\downarrow$（赤褐）
$Fe(OH)_2\downarrow$（緑白），$Ni(OH)_2\downarrow$（緑），$Sn(OH)_2\downarrow$（白），$Pb(OH)_2\downarrow$（白），$Cu(OH)_2\downarrow$（青白）

ただし、NaOHやNH₃を「適量」でなく、「過剰」に加えると、一度できた沈殿が溶けてしまうものがあります。

(1) NaOH水溶液を**過剰**に加えたとき、一度できた沈殿が溶解するもの

$Al^{3+} \xrightarrow{NaOH} Al(OH)_3\downarrow$（白）$\xrightarrow{NaOH} [Al(OH)_4]^-$（無色透明）
$Zn^{2+} \xrightarrow{NaOH} Zn(OH)_2\downarrow$（白）$\xrightarrow{NaOH} [Zn(OH)_4]^{2-}$（無色透明）
$Sn^{2+} \xrightarrow{NaOH} Sn(OH)_2\downarrow$（白）$\xrightarrow{NaOH} [Sn(OH)_4]^{2-}$（無色透明）
$Pb^{2+} \xrightarrow{NaOH} Pb(OH)_2\downarrow$（白）$\xrightarrow{NaOH} [Pb(OH)_4]^{2-}$（無色透明）

▶ ゴロ合わせ　あ（Al^{3+}），あ（Zn^{2+}），すん（Sn^{2+}），なり（Pb^{2+}）ととける!!

(2) NH₃水を**過剰**に加えたとき、一度できた沈殿が溶解するもの

Cu^{2+}（青）$\xrightarrow{NH_3} Cu(OH)_2\downarrow$（青白）$\xrightarrow{NH_3} [Cu(NH_3)_4]^{2+}$（深青）
$Zn^{2+} \xrightarrow{NH_3} Zn(OH)_2\downarrow$（白）$\xrightarrow{NH_3} [Zn(NH_3)_4]^{2+}$（無色透明）
Ni^{2+}（緑）$\xrightarrow{NH_3} Ni(OH)_2\downarrow$（緑）$\xrightarrow{NH_3} [Ni(NH_3)_6]^{2+}$（青紫）
$Ag^+ \xrightarrow{NH_3} Ag_2O\downarrow$（褐）$\xrightarrow{NH_3} [Ag(NH_3)_2]^+$（無色透明）

▶ ゴロ合わせ　安（NH_3）どう（Cu^{2+}）のあ（Zn^{2+}）に（Ni^{2+}）は銀（Ag^+）行員!!

7　S^{2-}　　Zn^{2+}〜Ni^{2+}は中・塩基性下，Sn^{2+}〜は液性に関係なく沈殿する。

H_2Sを通じるとき，その水溶液の液性（酸性・中性・塩基性）によって，沈殿のできるようすが異なります。

覚えるコツ▶ イオン化傾向と対応させて覚えると忘れにくい。

Li^+ K^+ Ba^{2+} Ca^{2+} Na^+ Mg^{2+} Al^{3+}	Zn^{2+} Fe^{3+} Fe^{2+} Ni^{2+}	Sn^{2+} Pb^{2+} Cu^{2+} Hg^{2+} Ag^+
沈殿しない	酸性では沈殿しない	液性に関係なく沈殿

中性〜塩基性でH_2Sを加えると沈殿します。
ZnS↓(白)，FeS↓(黒)，NiS↓(黒)
注　Fe^{3+}，Fe^{2+}ともにFeS↓(黒)となります。
　　Fe^{3+}はS^{2-}によって，Fe^{2+}に変化してから沈殿します。

pHに関係なく，H_2Sを加えると沈殿します。
SnS↓(褐)，PbS↓(黒)，CuS↓(黒)，HgS↓(黒)，Ag_2S↓(黒)
注　Cd^{2+}も合わせて覚えておきましょう。CdS↓(黄)になります。

　**沈殿の組み合わせを陽イオンから暗記する!!**

次は，陽イオンから陰イオンをみて，沈殿するものを覚えましょう。

1　Fe^{2+}とFe^{3+}　　Fe^{2+}は$K_3[Fe(CN)_6]$で，Fe^{3+}は$K_4[Fe(CN)_6]$で沈殿する。

Fe^{2+}を含む水溶液は，ヘキサシアニド鉄(Ⅲ)酸カリウム$K_3[Fe(CN)_6]$と濃青色の沈殿をつくります。
　　　　　　　　　　　　　　　　↳Fe^{3+}が含まれています

$K_3[Fe(CN)_6]$は$3K^+$と$[Fe(CN)_6]^{3-}$とから，$[Fe(CN)_6]^{3-}$はFe^{3+}と$6CN^-$とからできています
　　　　　　　　　　　　　　　　　　↳-3なので…

Fe^{3+}を含む水溶液は，ヘキサシアニド鉄(Ⅱ)酸カリウム$K_4[Fe(CN)_6]$と濃青色の沈殿をつくります。
　　　　　　　　　　　　　　　　↳Fe^{2+}が含まれています

$K_4[Fe(CN)_6]$は$4K^+$と$[Fe(CN)_6]^{4-}$とから，$[Fe(CN)_6]^{4-}$はFe^{2+}と$6CN^-$とからできています
　　　　　　　　　　　　　　　　　　↳-4なので…

　Fe^{3+}を含む水溶液は，チオシアン酸カリウムKSCNで血赤色溶液になります。

覚えるコツ▶ Fe^{2+}はFe^{3+}を含む$K_3[Fe(CN)_6]$で，Fe^{3+}はFe^{2+}を含む$K_4[Fe(CN)_6]$で沈殿する。

Fe^{2+} —$K_3[Fe(CN)_6]$→ 濃青色沈殿

Fe^{3+} —$K_4[Fe(CN)_6]$→ 濃青色沈殿
　　　　—KSCN→ 血赤色溶液

2 Ag^+　　Cl^-, Br^-, I^-と沈殿する。

Ag^+はハロゲン化物イオンのCl^-, Br^-, I^-と沈殿をつくります。

この中で，AgClはNH_3水に溶けますが，AgBrはわずかにしか溶けず，AgIはほとんど溶けません。

$F^- \xrightarrow{Ag^+}$ 沈殿しない（水に溶ける）
$Cl^- \xrightarrow{Ag^+}$ AgCl↓（白）$\xrightarrow{NH_3}$ 溶ける$[Ag(NH_3)_2]^+$
$Br^- \xrightarrow{Ag^+}$ AgBr↓（淡黄）$\xrightarrow{NH_3}$ わずかに溶ける$[Ag(NH_3)_2]^+$
$I^- \xrightarrow{Ag^+}$ AgI↓（黄）$\xrightarrow{NH_3}$ 溶けない。沈殿のまま

チオ硫酸ナトリウム$Na_2S_2O_3$水溶液を加えると，AgCl, AgBr, AgIの沈殿はすべて溶けます。

AgCl↓（白）
AgBr↓（淡黄）　$\xrightarrow{Na_2S_2O_3}$　$[Ag(S_2O_3)_2]^{3-}$　○すべて溶け，同じイオンになります。
AgI↓（黄）

STEP 4　最後に，金属イオンの色と沈殿の色を覚えよう!!

水溶液中のイオンの色や化合物の色は暗記して下さい。

水溶液中のイオン	Fe^{2+}：淡緑　　Fe^{3+}：黄褐　　Cu^{2+}：青　　Ni^{2+}：緑 CrO_4^{2-}：黄　　$Cr_2O_7^{2-}$：赤橙　　MnO_4^-：赤紫 $[Cu(NH_3)_4]^{2+}$：深青　　$[Ni(NH_3)_6]^{2+}$：青紫

○これらのイオン以外は，ほとんどが無色です。

塩化物（Cl^-との沈殿）	AgCl：白　　$PbCl_2$：白
硫酸塩（SO_4^{2-}との沈殿）	$BaSO_4$：白　　$CaSO_4$：白　　$SrSO_4$：白　　$PbSO_4$：白
炭酸塩（CO_3^{2-}との沈殿）	$BaCO_3$：白　　$CaCO_3$：白　　$SrCO_3$：白

○白ばかりです。

クロム酸塩（CrO_4^{2-}との沈殿）	$BaCrO_4$：黄　　$PbCrO_4$：黄　　Ag_2CrO_4：赤褐

○バ（Ba^{2+}）ナナ（Pb^{2+}）を銀（Ag^+）貨で（かっ）たら苦労（CrO_4^{2-}）したと覚えましょう。
　→バナナと同じ黄色になります　　→赤かっ色となります

水酸化物（OH^-との沈殿）	一般に典型元素の水酸化物は白 $Fe(OH)_2$：緑白　　$Fe(OH)_3$：赤褐　　$Cu(OH)_2$：青白 $Ni(OH)_2$：緑

○白色以外を覚えましょう。特に，$Fe(OH)_2$, $Fe(OH)_3$, $Cu(OH)_2$は重要です。

酸化物	CuO：黒　　Cu_2O：赤　　Ag_2O：褐　　MnO_2：黒 Fe_3O_4：黒　　Fe_2O_3：赤褐　　ZnO：白　　HgO：黄

○Ag_2OとHgOはOH^-との沈殿でした。

硫化物（S^{2-}との沈殿）	一般に黒 ZnS：白　　CdS：黄　　SnS：褐

○ほとんどが黒色になります。ZnS（白）は重要です。

3

以下の文章を読み,下の問いに答えよ。
次の無機化合物のいずれか1つを溶解させた水溶液A〜Dがある。
硫酸アルミニウム,塩化カルシウム,塩化鉄(Ⅲ),硫酸銅(Ⅱ)
これらの水溶液について以下に示す㋐〜㋖の実験結果が得られた。

㋐ Aに炭酸アンモニウム水溶液を加えると白色沈殿が生じ,この沈殿は塩酸に溶解した。

㋑ BとCに塩化バリウム水溶液を加えると白色沈殿が生じ,これらの沈殿は塩酸に溶解しなかった。

㋒ AとDに硝酸銀水溶液を加えると白色沈殿が生じ,これらの沈殿はアンモニア水に溶解した。

㋓ Bを酸性にした後に硫化水素を通じると黒色沈殿が生じた。

㋔ Bに少量のアンモニア水を加えたところ青白色の沈殿が生じ,さらにアンモニア水を加えていったところ沈殿が溶解して深青色の水溶液となった。

㋕ CとDに水酸化ナトリウム水溶液を少量加えるとCでは白色の沈殿が,Dでは赤褐色の沈殿が生じた。さらに水酸化ナトリウム水溶液を加えていくと,Cで生じた白色沈殿は溶解した。

㋖ Dにヘキサシアニド鉄(Ⅱ)酸カリウムの水溶液を加えると濃い青色沈殿が生じた。

⑴ 水溶液A〜Dに溶解している無機化合物を組成式で答えよ。
⑵ ㋐において生じた白色沈殿を組成式で答えよ。
⑶ ㋒においてAで生じる沈殿の生成反応と溶解反応をイオン反応式で答えよ。
⑷ ㋔において生じる沈殿の生成反応と溶解反応をイオン反応式で答えよ。
⑸ ㋕においてCで生じた白色沈殿の溶解反応をイオン反応式で答えよ。

〔信州大〕

 解説 ⑴〜⑸ 沈殿の問題で頻出する文章を見つけられるようにしよう。

㋔ BにNH₃水を過剰に加えると,沈殿が溶解して<u>深青色の水溶液</u>となった。〈頻出〉

→ NH₃水過剰で,沈殿が溶解するのはCu^{2+},Zn^{2+},Ni^{2+},Ag^+など。その中で深青色のイオンになるのはCu^{2+}である。よって,Bは硫酸銅(Ⅱ)$CuSO_4$となる。

㋕ DにNaOH水溶液を少量加えると<u>赤褐色の沈殿</u>が生じた。〈頻出〉

→ NaOH水溶液を少量加えて沈殿するのは,アルカリ金属イオンとアルカリ土類金属イオン以外であり,赤褐色の沈殿を生じるのはFe^{3+}である。よって,Dは塩化鉄(Ⅲ)$FeCl_3$となる。または,

(キ) DにK₄[Fe(CN)₆]で，濃青色沈殿が生じた。〈頻出〉
→ DにFe³⁺が含まれていたと判定することもできる。

(カ) NaOH水溶液を過剰に加えたところ，Cで生じた白色沈殿は溶解した。〈頻出〉
→ NaOH水溶液過剰で，沈殿が溶解するのはAl³⁺，Zn²⁺，Sn²⁺，Pb²⁺など。

よって，Cは硫酸アルミニウム Al₂(SO₄)₃ となる。

最後に，残った 塩化カルシウム CaCl₂ がA となる。

次は，(ア)から順に考えてみよう。

(ア) AのCaCl₂に(NH₄)₂CO₃つまりCO₃²⁻を加えると CaCO₃ の白色沈殿が生じる。
　　　　　　　　　　　　　　　→ Ba²⁺，Ca²⁺，Sr²⁺などと沈殿
CaCO₃に強酸の塩酸を加えると次の反応がおこり，沈殿が溶解する。
　　　　CaCO₃ + 2HCl ⟶ H₂O + CO₂ + CaCl₂　反式03　⤴ p.8

(イ) BのCuSO₄とCのAl₂(SO₄)₃にBaCl₂水溶液を加えると両方ともにBaSO₄の白色
　　　→ Ba²⁺,Ca²⁺,Sr²⁺,Pb²⁺と沈殿　→ Ba²⁺,Ca²⁺,Sr²⁺,Pb²⁺と沈殿
沈殿が生じる。BaSO₄は強酸の塩なので，強酸である塩酸を加えても反応しない。

(ウ) AのCaCl₂とDのFeCl₃にAgNO₃水溶液を加えると両方ともにAgClの白色沈殿が
　　　→ Ag⁺,Pb²⁺などと沈殿　→ Ag⁺,Pb²⁺などと沈殿
生じ，これにNH₃水を加えると[Ag(NH₃)₂]⁺をつくってAgClは溶解する。
　　　　AgCl + 2NH₃ ⟶ [Ag(NH₃)₂]⁺ + Cl⁻　⤴ p.21

(エ) BのCuSO₄を酸性にした後にH₂Sを通じるとCuSの黒色沈殿を生じる。
　　　　　　→ イオン化傾向Sn²⁺以下の陽イオンやCd²⁺が沈殿

(オ) BのCuSO₄にNH₃水を少量加えるとCu(OH)₂の青白色沈殿が生じる。
$$\begin{cases} NH_3 + H_2O \rightleftharpoons NH_4^+ + OH^- & \cdots① \\ Cu^{2+} + 2OH^- \longrightarrow Cu(OH)_2 & \cdots② \end{cases}$$
①×2＋②より，Cu²⁺ + 2NH₃ + 2H₂O ⟶ Cu(OH)₂↓ + 2NH₄⁺
さらにCu(OH)₂にNH₃水を加えていくと[Cu(NH₃)₄]²⁺をつくって溶解する。
　　　　Cu(OH)₂ + 4NH₃ ⟶ [Cu(NH₃)₄]²⁺ + 2OH⁻

(カ) CのAl₂(SO₄)₃にNaOH水溶液を少量加えるとAl(OH)₃の白色沈殿が生じ，過剰に
加えると[Al(OH)₄]⁻となり溶解する。

解答

(1) A：CaCl₂　　B：CuSO₄　　C：Al₂(SO₄)₃　　D：FeCl₃
(2) CaCO₃
(3) 生成反応：Ag⁺ + Cl⁻ ⟶ AgCl
　　溶解反応：AgCl + 2NH₃ ⟶ [Ag(NH₃)₂]⁺ + Cl⁻
(4) 生成反応：Cu²⁺ + 2NH₃ + 2H₂O ⟶ Cu(OH)₂ + 2NH₄⁺
　　溶解反応：Cu(OH)₂ + 4NH₃ ⟶ [Cu(NH₃)₄]²⁺ + 2OH⁻
(5) Al(OH)₃ + OH⁻ ⟶ [Al(OH)₄]⁻

4 沈　殿

STEP 1　金属イオンの分離手順をおさえる!!

系統分析とは
系統分析の手順

多くの金属イオンが含まれている水溶液から，沈殿反応を使って性質の似ている数種類の金属イオングループに分けて分離・確認する方法を**系統分析**といいます。次の 手順① ～ 手順⑥ がそのままや一部分を変えた形で出題されています。

手順① 塩酸を加えて，沈殿を分離する。

Cl⁻で沈殿するイオン ▶ 「Ag^+，Pb^{2+}」を分離できます。

手順② H_2Sを通し，沈殿を分離する。

手順① で塩酸を加え，酸性溶液になっているところにH_2Sを通します。酸性溶液では，$[H^+]$が大きいために，

$$H_2S \rightleftharpoons 2H^+ + S^{2-}$$

の平衡が左に移動し，$[S^{2-}]$が小さくなっています。

酸性溶液でS^{2-}と沈殿するイオン
（$[S^{2-}]$が小さくても沈殿するイオン） ▶ 「**イオン化傾向がSn以下のイオンやCd^{2+}**」を分離できます。

手順③ NH_3水を加え，沈殿を分離する。

$[OH^-]$が小さくても沈殿するイオン ▶ 3価の陽イオンである「Fe^{3+}，Al^{3+}」を分離できます。

注 Fe^{3+}が含まれている場合，Fe^{3+}は 手順② で還元性をもつH_2Sによって一部もしくはすべてFe^{2+}に還元されているので，酸化剤であるHNO_3を加えてFe^{2+}を酸化し，すべてFe^{3+}に戻しておきます。

手順④ H_2Sを通し，沈殿を分離します。

手順③ でNH_3水を加え，塩基性溶液になっているところにH_2Sを通します。

中～塩基性でS^{2-}と沈殿するイオン ▶ 「**イオン化傾向がZn以下のイオン**」を分離できます。

手順⑤ CO_3^{2-}を加え，沈殿を分離する。

CO_3^{2-}と沈殿するイオン ▶ 「Ba^{2+}，Ca^{2+}，Sr^{2+}」を分離できます。

手順⑥ 最後に残ったイオンを直接，炎色反応で調べます。

最後まで残るイオン ▶ 「Na^+，K^+」などのアルカリ金属イオン

STEP 2 炎色反応をマスターする!!

アルカリ金属，アルカリ土類金属や銅などのイオンを含んでいる水溶液を白金線につけて，ガスバーナーの外炎に入れると，それぞれの元素に特有な炎色反応を示します。

炎色反応の色をまとめると次のようになります。

リチウムLi	ナトリウムNa	カリウムK	銅Cu	バリウムBa	カルシウムCa	ストロンチウムSr
赤色	黄色	赤紫色	青緑色	黄緑色	橙赤色	紅色

ゴロ合わせ ▶ Li 赤　Na 黄　K 紫　Cu 緑　Ba 緑　Ca 橙　Sr 紅
リアカー　な　き K 村，動 力に 馬 力 借りる とう するも くれない

STEP 3 金属イオンを分離してみましょう!!

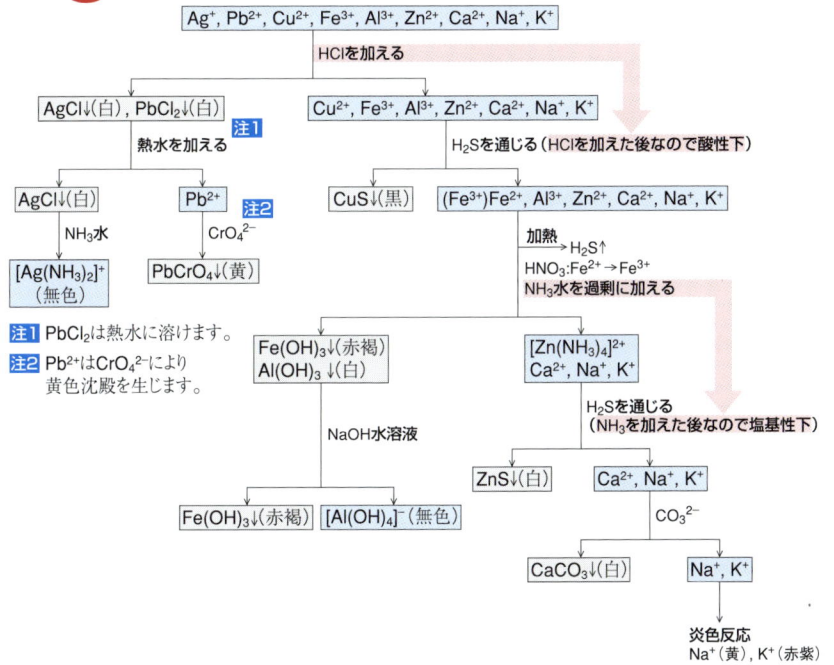

沈殿（PART2）

4 ★★☆

ある廃水を分析した結果，Al^{3+}，Fe^{3+}，Ag^+，Cu^{2+}を含んでいることがわかった。これら金属イオンを沈殿として個別に分離・回収する方法を確立するため，以下の操作を試みた。

操作1：廃水2.0mLに0.20mol/Lの塩酸2.0mLを加えたところ白色沈殿Aが生じた。㋐この沈殿は濃アンモニア水に容易に溶け，透明な溶液となった。

操作2：操作1のろ液に硫化水素ガスを通じて飽和させたところ黒色沈殿Bが生じた。

操作3：操作2のろ液を煮沸し硫化水素を溶液中から追い出した。溶液を冷却後，濃硝酸数滴を加えかくはんした。これに濃アンモニア水を滴下してpHを9程度にすると，ゼリー状の茶白色の沈殿が生じたのでろ過した。

操作4：操作3の㋑ろ紙上の茶白色の沈殿を1.0mol/L水酸化ナトリウム水溶液により洗浄した。透明なろ液に希塩酸を加えてpHを7程度に戻すと，白色のゼリー状沈殿Cが生じた。また，ろ紙上には赤褐色の沈殿Dが残った。

問1　A〜Dに該当する沈殿の化学式を示せ。
問2　下線部㋐に該当する化学反応式を書け。
問3　操作3で得られる沈殿には2種類の化学物質が含まれている。下線部㋑の操作により，そのうちの一つが水酸化ナトリウムに溶解する。沈殿が溶解する変化を化学反応式で示せ。

〔北大〕

解説

問1〜3　操作1　Al^{3+}，Fe^{3+}，Ag^+，Cu^{2+}を含んでいる廃水にHClを加えると，

Cl^-はAg^+と沈殿する

ので，白色沈殿A　AgClが生じる。AgClは濃NH_3水に$[Ag(NH_3)_2]^+$をつくって溶け，透明な溶液となる。

$$AgCl + 2NH_3 \longrightarrow [Ag(NH_3)_2]Cl \quad \leftarrow 問2$$

操作2　操作1のろ液に残っているのは，Al^{3+}，Fe^{3+}，Cu^{2+}であり，ここにH_2Sを通じて飽和させる。操作1でHClを加えているのでろ液は酸性になっており，ここにH_2Sを通じると，

イオン化傾向がSn以下のCu^{2+}が沈殿する

ので，黒色沈殿B　CuSが生じる。

操作3　操作2のろ液に残っているAl^{3+}，(Fe^{3+})，Fe^{2+}を煮沸して操作2で使用したH_2Sを追い出す。このとき，ろ液中のFe^{3+}は還元性をもつH_2Sによって一部もしくはすべてFe^{2+}に還元されているので，濃硝酸数滴を加えることでFe^{2+}を酸化しすべてFe^{3+}に戻す。

これに濃NH_3水を滴下してpH＝9程度の弱塩基性にすると，

アルカリ金属イオンとアルカリ土類金属イオン以外（イオン化傾向Naより小さな陽イオン）であるAl^{3+}とFe^{3+}が沈殿する

ので，白色沈殿$Al(OH)_3$と赤褐色沈殿$Fe(OH)_3$の2種が生じる。

　　　　　　　　　　　　→ 混合しているので茶白色になっている

操作4 操作3の$Al(OH)_3$と$Fe(OH)_3$の茶白色の沈殿をNaOH水溶液で洗浄すると，$Al(OH)_3 + OH^- \longrightarrow [Al(OH)_4]^-$の反応がおこり，

$Al(OH)_3$だけが$[Al(OH)_4]^-$となり溶解する

ので，$Fe(OH)_3$と$[Al(OH)_4]^-$をろ過により分離できる。

ろ液の$[Al(OH)_4]^-$にHClを加えると，

$$[Al(OH)_4]^- + HCl \longrightarrow Al(OH)_3 + H_2O + Cl^-$$

の反応がおこり，白色沈殿C $Al(OH)_3$ が生じる。また，ろ紙上には赤褐色沈殿D $Fe(OH)_3$ が残る。

この実験における**操作1～4**は次のようになる。

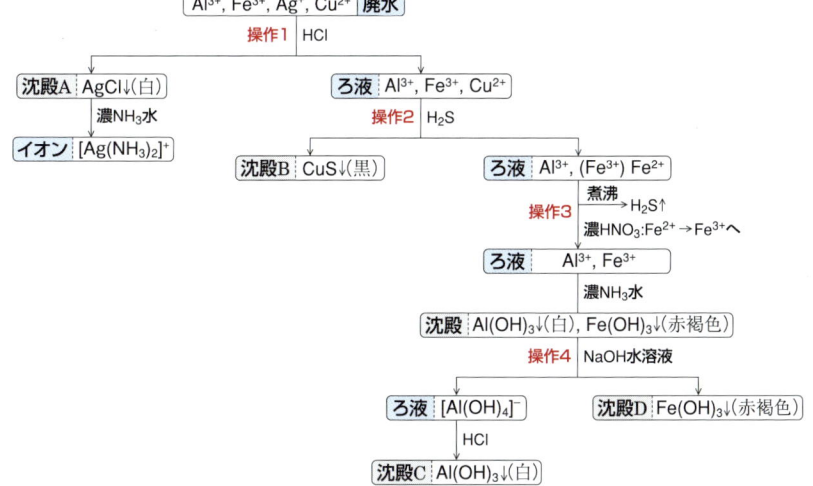

問1 A：AgCl　B：CuS　C：$Al(OH)_3$　D：$Fe(OH)_3$

問2 $AgCl + 2NH_3 \longrightarrow [Ag(NH_3)_2]Cl$

問3 $Al(OH)_3 + NaOH \longrightarrow Na[Al(OH)_4]$

元素別各論

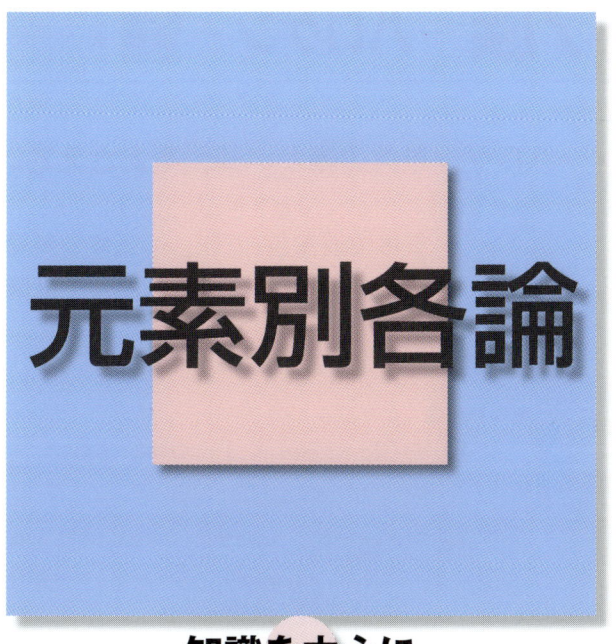

知識を中心に

5 からは、周期表を「たて」に学習していくことになります。
1〜4 で学習した内容をふまえ、新しい内容を確実に身につけていくことにしましょう。

1, 2 で学習した「気体の発生実験」に加えて、乾燥剤に関する知識をマスターしておくと、5 以降を読み進めるのに役に立ちますよ。

〈発生させた気体の乾燥法〉 乾燥させる気体と乾燥剤が反応するのを防ぐように、乾燥剤を選ぶことが必要です。

	乾燥剤	乾燥可能な気体	乾燥に不適当な気体	
酸性	十酸化四リン P_4O_{10}	中性または酸性の気体	NH_3	塩基性の気体なので酸性の乾燥剤と反応してしまう
	濃硫酸 H_2SO_4		NH_3 および H_2S	還元剤なので酸化剤の濃 H_2SO_4 と反応してしまう
中性	塩化カルシウム $CaCl_2$	ほとんどの気体	NH_3	$CaCl_2 \cdot 8NH_3$ となってしまう
塩基性	酸化カルシウム CaO	中性または塩基性の気体	酸性の気体	塩基性の乾燥剤と反応してしまう
	ソーダ石灰 $CaO + NaOH$			

5 17族 －ハロゲン－ PART 1

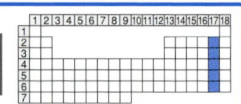

STEP 1 ハロゲン単体の細かい知識をおさえていこう!!

ハロゲンの覚えるべき知識を整理！

ハロゲン単体の常温での**状態と色**は暗記しましょう。

F_2 → 気体で淡黄色　　Cl_2 → 気体で黄緑色
Br_2 → 液体で赤褐色　　I_2 → 固体で黒紫色　← 暗記

ハロゲン単体の融点や沸点は，原子番号が大きくなるほど，分子量が大きくなるため，ファンデルワールス力が強くなり，

$$F_2 < Cl_2 < Br_2 < I_2 \quad \text{融点や沸点の順}$$

← 暗記

となります。

> **合格PLUS1** 常温・常圧の下，「**単体が液体**」であるものは Br_2 と Hg だけ。
> また，**有色の気体**は，4つだけ。
> F_2(淡黄色)，Cl_2(黄緑色)，NO_2(赤褐色)，O_3(淡青色)

また，単体の酸化力の強さは，
　　　　　　↳ 他の物質から e^- をうばう力

$$F_2 > Cl_2 > Br_2 > I_2$$

← 暗記

の順となり，KBr水溶液に Cl_2 を反応させると，**酸化力の強さは $Cl_2 > Br_2$**（Cl_2 は Br_2 よりも陰イオンになりやすい）なので，

$\begin{cases} Cl_2 + 2e^- \longrightarrow 2Cl^- & \cdots ① \quad \text{●}Cl_2\text{は}e^-\text{をうばいます。} \\ & \quad Cl_2\text{はCl}^-\text{になりやすい} \\ 2Br^- \longrightarrow Br_2 + 2e^- & \cdots ② \quad \text{●}Br^-\text{は}e^-\text{をうばわれます。} \end{cases}$

①+②，両辺に $2K^+$ を加えて，

$$Cl_2 + 2KBr \longrightarrow 2KCl + Br_2 \quad \text{反応式22}$$

の反応がおこります。
同じように，KI水溶液に Br_2 を反応させると，**酸化力の強さは $Br_2 > I_2$** なので，

$$Br_2 + 2KI \longrightarrow 2KBr + I_2 \quad \text{反応式23} \quad Br_2\text{はBr}^-\text{になりやすい}$$

となります。

還元剤である H_2 との反応性も，

順序をチェック!!

$$F_2 > Cl_2 > Br_2 > I_2 \quad \text{●酸化力の強さの順と同じ}$$

冷暗所でも爆発的に反応。　光によって爆発的に反応。　高温で触媒により反応。　高温で反応。逆反応もおこりやすい。

の順になります。

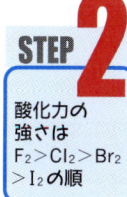

STEP 2 ハロゲン単体と水との反応をマスターしよう!!

酸化力の強さは $F_2 > Cl_2 > Br_2 > I_2$ の順

酸化力の強い F_2 は、H_2O から e^- をうばって激しく反応します。

$$\begin{cases} F_2 + 2e^- \longrightarrow 2F^- & \cdots ① \\ 2H_2O \longrightarrow O_2 + 4H^+ + 4e^- & \cdots ② \end{cases}$$

$4OH^- \longrightarrow O_2 + 2H_2O + 4e^-$ の両辺に $4H^+$ を加えて、つくってもよい。

①×2＋②より、

$$2F_2 + 2H_2O \longrightarrow 4HF + O_2 \quad \text{反応式 24}$$

F_2 よりは酸化力の弱い Cl_2 になると、水に少し溶け、その一部が反応します。

→ 塩素の水溶液を塩素水といいます

$$Cl_2 + H_2O \rightleftharpoons HCl + HClO \quad \text{反応式 25}$$

次亜塩素酸（強い酸化力があるよ）

また、Br_2 は水に少し溶けますが、反応はほとんどおこさず、I_2 になると水にほとんど溶けずに反応もおこしません。

> 合格PLUS1 ただし、I_2 は KI 水溶液には溶けて褐色の溶液になります。

STEP 3 STEP 1 と 2 で学んだ内容をチェック!!

どれも重要ですよ。

ハロゲン単体の性質をまとめた下の表を確認して、忘れていることはないかチェックしましょう。

	フッ素 F_2	塩素 Cl_2	臭素 Br_2	ヨウ素 I_2
状態・色	気体・淡黄色	気体・黄緑色	液体・赤褐色	固体・黒紫色
融点・沸点	低 ←――――――――――――→ 高			
酸化力	大 ←――――――――――――→ 小			
水素との反応	$H_2 + F_2$ $\longrightarrow 2HF$ 冷暗所でも爆発的に反応	$H_2 + Cl_2$ $\longrightarrow 2HCl$ 光により爆発的に反応	$H_2 + Br_2$ $\longrightarrow 2HBr$ 高温で触媒により反応	$H_2 + I_2$ $\rightleftharpoons 2HI$ 高温で反応。逆反応もおこりやすい。
水との反応	激しく反応 $2F_2 + 2H_2O$ $\longrightarrow 4HF + O_2$	一部が反応 $Cl_2 + H_2O$ $\rightleftharpoons HCl + HClO$	少し溶ける	溶けにくい

これだけで合格を決める問題　17族(PART1)

5　★★

周期表の17族に属するフッ素, 塩素, 臭素, ヨウ素などの元素を ア とよぶ。ア の原子は イ 個の価電子をもつため, 1個の電子を受けとって1価の陰イオンになりやすい。例えば, (a)塩素は, 塩化物イオンとして海水中に広く存在し, また, 塩化ナトリウムなどの塩として地殻中に含まれている。

フッ素, 塩素, 臭素, ヨウ素の単体はいずれも二原子分子であり, 2個の原子は不対電子を1個ずつ出しあって, ウ 結合をつくる。これらの単体のうち, 単体Aは常温・常圧で赤褐色の液体である。単体が常温・常圧で液体である元素は, 周期表の中で2つしかなく, それらの元素からなる単体は, 単体Aと エ である。単体Bは常温・常圧で黄緑色の気体であり, (b)その水溶液は, 漂白・殺菌効果をもつ。常温・常圧で黒紫色の固体である単体Cは, 分子間力が小さい分子結晶であり, (c)固体から直接気体になる。

代表的な塩素化合物として塩化水素があり, その水溶液を塩酸とよぶ。(d)塩酸を水酸化カルシウム水溶液に加えると中和反応が起こる。また, (e)塩酸を硝酸銀水溶液に加えると化合物Dが沈殿するが, この沈殿はアンモニア水を過剰に加えると溶ける。これらの反応は, 銀イオンを確認する反応として用いられている。

問1　ア〜エ にあてはまる最も適切な語句, 物質名, 数を記せ。
問2　単体A, 単体Cの物質名を記せ。
問3　下線部(a)に関して, 塩化ナトリウム水溶液から純粋な水を得るための分離・精製法を1つ記せ。
問4　下線部(b)に関して, 単体Bと水の反応を化学反応式で表せ。
問5　下線部(c)に関して, この現象の名称を記せ。
問6　下線部(d)に関して, この反応を化学反応式で表せ。
問7　下線部(e)に関して, 化合物Dの化学式とその沈殿の色を記せ。

〔筑波大〕

解説

問1, 2, 4, 5　周期表の17族に属するF, Cl, Br, Iなどの元素を ハロゲン(元素)〔ア〕とよぶ。ハロゲン(元素)〔ア〕の原子は 7 〔イ〕個の価電子をもち, 1価の陰イオンになりやすい。

例　$_9$F：K(2)L(7), $_{17}$Cl：K(2)L(8)M(7)　のように7個の価電子をもつ。

F_2, Cl_2, Br_2, I_2は, 共有〔ウ〕結合からなる二原子分子である。

〈結合の判断のしかた〉

非金属＋非金属　→　共有結合　　金属＋非金属　→　イオン結合　　金属＋金属　→　金属結合

注　NH_4Clなどは, NH_4^+とCl^-との間はイオン結合

これらの単体のうち，常温・常圧で赤褐色の液体は臭素Br_2で，Br_2以外の単体で液体であるものは 水銀 Hg しかない。
　　エ　　　　　　　　　　　　　　　　　　　　　→単体Aと決定

常温・常圧で黄緑色の気体は塩素Cl_2であり，水に少し溶けてその一部が次のように反応する。　　　　　　→単体Bと決定

$$Cl_2 + H_2O \rightleftharpoons HCl + HClO$$　←問4の解答

常温・常圧で黒紫色の固体はヨウ素I_2。I_2は固体から直接気体になる昇華性の分子結晶である。　　　→単体Cと決定　　→固体から直接気体になる現象は昇華という(問5)

問3　NaCl水溶液から純粋な水を得るには，沸点の違いを利用して分離すればよい。この方法を 蒸留 といい，次のような装置を利用する。

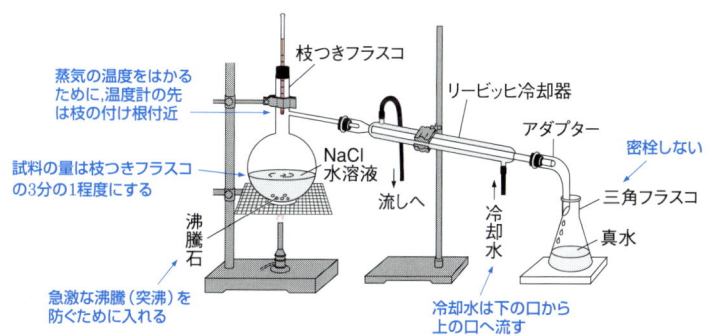

問6　塩化水素HClの水溶液を塩酸とよび，水酸化カルシウム$Ca(OH)_2$水溶液に加えると中和反応がおこる。

$$2HCl + Ca(OH)_2 \longrightarrow CaCl_2 + 2H_2O$$

問7　HCl水溶液を$AgNO_3$水溶液に加えるとAgClの白色沈殿を生じる。

$$HCl + AgNO_3 \longrightarrow AgCl + HNO_3$$　→p.18　→化合物Dと決定

この沈殿はNH_3水を過剰に加えると安定な錯イオン$[Ag(NH_3)_2]^+$をつくり溶ける。
　　　　　　　　　　　　　　　　　　　　　　　　　　　　　　　　　　→p.21

$$AgCl + 2NH_3 \longrightarrow [Ag(NH_3)_2]^+ + Cl^-$$

解答
問1　ア：ハロゲン(元素)　イ：7　ウ：共有　エ：水銀
問2　A：臭素　　C：ヨウ素
問3　蒸留
問4　$Cl_2 + H_2O \rightleftharpoons HCl + HClO$
問5　昇華
問6　$2HCl + Ca(OH)_2 \longrightarrow CaCl_2 + 2H_2O$
問7　(化学式)AgCl　　(色)白

6 17族 －ハロゲン－ PART 2

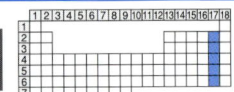

STEP 1　実験室における塩素の製法を2つマスター!!

方法(1) ▶ 酸化マンガン(IV) MnO_2 に濃塩酸 HCl を加えて加熱します。

この反応式は，気体の発生実験 パターン❹ でつくりました。 ➡ p.11

$$\begin{cases} 2Cl^- \longrightarrow Cl_2 + 2e^- & \cdots ① \\ MnO_2 + 4H^+ + 2e^- \longrightarrow Mn^{2+} + 2H_2O & \cdots ② \end{cases}$$

①+②，両辺に $2Cl^-$ を加えて，

$$MnO_2 + 4HCl \longrightarrow MnCl_2 + Cl_2 + 2H_2O \quad \text{反応式 16} \rightarrow p.11$$

実験装置がよく問われるので注意しましょう。おさえるポイントは，

❶ **加熱している。**
❷ **洗気びんの中が水→濃硫酸の順になっている。**
❸ Cl_2 **は下方置換で捕集する。**

の3つになります。

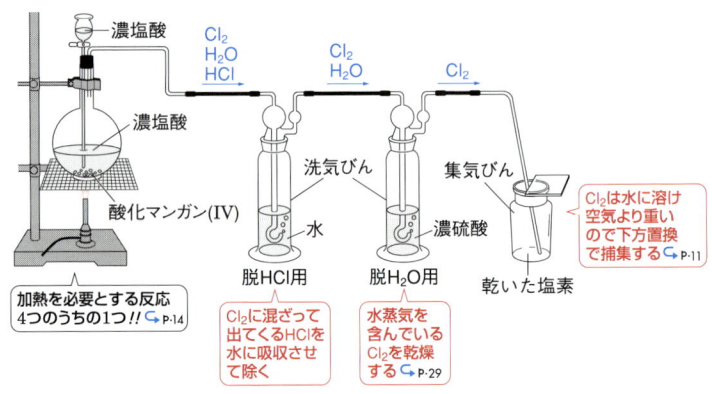

方法(2) ▶ さらし粉 $CaCl(ClO) \cdot H_2O$ に塩酸 HCl を加えます。

この反応は，次のようにつくるとよいでしょう。

$$\begin{cases} CaCl(ClO) \cdot H_2O \longrightarrow Ca^{2+} + Cl^- + ClO^- + H_2O & \cdots ① \\ H^+ClO^- + H^+Cl^- \rightleftharpoons Cl_2 + H_2O & \cdots ② \end{cases}$$

○さらし粉が電離します。
○Cl_2 と H_2O との反応 ➡ p.31 の逆反応です。

①+②，両辺に $2Cl^-$ を加えて，

$$CaCl(ClO) \cdot H_2O + 2HCl \longrightarrow CaCl_2 + Cl_2 + 2H_2O \quad \text{反応式 26}$$

STEP 2 ハロゲン化水素HXの頻出事項をチェック!!

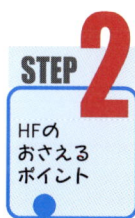
HFの
おさえる
ポイント

ハロゲン化水素の常温・常圧での状態と色を暗記しましょう。

HF, HCl, HBr, HI → いずれも気体で無色

また、HFは他のハロゲン化水素と比べて変わった性質をもっています。

① HFは**分子間で水素結合がはたらく**ために、融点・沸点が異常に高い。

化合物名	化学式	沸点[℃]
フッ化水素	HF	20
塩化水素	HCl	-85
臭化水素	HBr	-67
ヨウ化水素	HI	-35

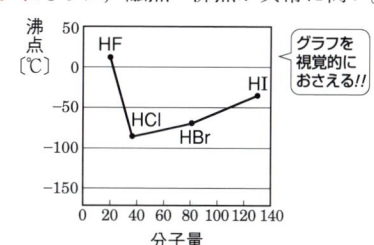

グラフを視覚的におさえる!!

② HFの水溶液は**フッ化水素酸**とよばれ、電離度が小さく**弱酸**である。

酸の強さ: HF ≪ HCl < HBr < HI
　　　　　弱酸　　　　　強酸

③ フッ化水素やフッ化水素酸は、ガラスや石英の主成分であるSiO₂とそれぞれ次のように反応しSiO₂を溶かします。

H⁺F⁻ + SiO₂ →(くり返しFと反応)(ア)→ SiF₄ →(さらにFと反応)(イ)→ SiF_6^{2-}

(ア) $SiO_2 + 4F^- \longrightarrow SiF_4 + 2O^{2-}$
(イ) $SiO_2 + 6F^- \longrightarrow SiF_6^{2-} + 2O^{2-}$

(ア)の両辺に4H⁺を加える。
　　$SiO_2 + 4HF \longrightarrow SiF_4 + 2H_2O$　反応式 27
　　　　　フッ化水素　　四フッ化ケイ素

(イ)の両辺に6H⁺を加える。
　　$SiO_2 + 6HF \longrightarrow H_2SiF_6 + 2H_2O$　反応式 28
　　　　　フッ化水素酸　ヘキサフルオロケイ酸

よく出る

フッ化水素酸はガラスを溶かすので、保存するときには**ポリエチレン製のびん**を使います。

これだけで合格を決める問題 17族(PART2)

6

A 単体の塩素を発生させるために，図のような装置を組み立てた。滴下ロートAには濃塩酸，フラスコBには酸化マンガン(Ⅳ)が入っている。次の問いに答えよ。

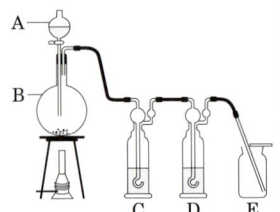

問1 滴下ロートAの濃塩酸をフラスコBの中に滴下して加熱すると，塩素が発生する。この反応において，酸化される原子と還元される原子の元素記号および酸化数の変化(反応前と反応後の酸化数)を，例にならって示せ。例)S：+4 → −2

問2 容器Cには水，容器Dには濃硫酸が入っている。それぞれ何のために使用するのか，15字以内で述べよ。

問3 Eのような気体の捕集法を何とよぶか答えよ。

B 次の文章を読み，下の問いに答えよ。

ハロゲン化水素は，いずれも常温で無色，刺激臭のある有毒な気体である。㋐フッ化水素は，フッ化カルシウムに濃硫酸を加えて加熱すると得られる。㋑フッ化水素は，分子量が小さいにもかかわらず，他のハロゲン化水素に比べ沸点が著しく高い。(a)フッ化水素の水溶液であるフッ化水素酸は強酸である。

㋒塩化水素は塩化ナトリウムに濃硫酸を加えおだやかに加熱すると発生する。(b)塩化水素の水溶液である塩酸は，強い酸性を示し，多くの金属と反応する。

㋓さらし粉に塩酸を作用させると塩素が発生する。(c)臭化ナトリウムに塩素を反応させると臭素を生じ，同じように，ヨウ化ナトリウムに臭素を反応させるとヨウ素を生じる。(d)以上よりハロゲン単体の酸化力は，原子番号が大きいほど強いといえる。

(e)臭化水素やヨウ化水素の水溶液である臭化水素酸やヨウ化水素酸もまた，強い酸性を示す。

問1 下線部(a)～(e)の記述のうち，誤りのある記述の記号だけをすべて記載してあるのは，下の(1)～(0)のうちどれか。
(1) a, b　　(2) a, c　　(3) a, d　　(4) a, e　　(5) b, c
(6) b, d　　(7) b, e　　(8) c, d　　(9) c, e　　(0) d, e

問2 下線部㋐，㋒，㋓の反応を化学反応式で記せ。

問3 下線部㋑の理由をもっともよく表す化学結合名を一つ記せ。

〔A千葉大　B愛知工大(改)〕

解説

A 問1　還元剤である $\underline{Cl^-}_{-1}$ が酸化されて $\underline{Cl_2}_{0}$ に，酸化剤である $\underline{MnO_2}_{+4}$ が還元されて $\underline{Mn^{2+}}_{+2}$ に変化する。

$$MnO_2 + 4HCl \longrightarrow MnCl_2 + Cl_2 + 2H_2O \quad \text{反応式 16} \quad \text{p.11}$$

問2　容器Cの水は，Cl_2 に混ざって出てくる揮発した HCl を吸収して除く。そして，水の中を通って出てきた酸性の気体である Cl_2 は，容器Dの酸性の乾燥剤である濃硫酸に通して水蒸気を除く。

問3　Cl_2 は水に溶け，空気よりも重いので下方置換で捕集する。

B 問1　(a)　フッ化水素酸は弱酸である。（誤り）
(b)　塩酸は強酸で，イオン化傾向が H_2 より大きな Zn や Fe などの多くの金属と反応し H_2 を発生する。（正しい）
(c)　酸化力の強さは $Cl_2 > Br_2 > I_2$ なので，NaBr に Cl_2 を反応させれば，Br_2 を生じる。
$$2NaBr + Cl_2 \longrightarrow Br_2 + 2NaCl$$
また，NaI に Br_2 を反応させれば，I_2 を生じる。
$$2NaI + Br_2 \longrightarrow I_2 + 2NaBr \quad \text{（正しい）}$$
(d)　ハロゲン単体の酸化力の強さは，$F_2 > Cl_2 > Br_2 > I_2$ の順になるので原子番号が小さいほど強い。（誤り）
(e)　ハロゲン化水素の水溶液は，フッ化水素酸を除いてすべて強酸であり，その強さは HCl < HBr < HI の順になる。（正しい）

問2　(ア)　濃硫酸が不揮発性であることを利用する。
$$CaF_2 + H_2SO_4 \longrightarrow 2HF + CaSO_4 \quad \text{反応式 07} \quad \text{p.9}$$
(ウ)　(ア)と同様に，濃硫酸が不揮発性であることを利用する。
$$NaCl + H_2SO_4 \longrightarrow HCl + NaHSO_4 \quad \text{反応式 06} \quad \text{p.9}$$
(エ)　さらし粉から電離して生じた ClO^- が HCl と反応する。
$$CaCl(ClO) \cdot H_2O + 2HCl \longrightarrow CaCl_2 + Cl_2 + 2H_2O \quad \text{反応式 26} \quad \text{p.34}$$

問3　HF は分子間で水素結合がはたらくために，他のハロゲン化水素に比べ沸点が著しく高い。

解答

A 問1　酸化される原子 Cl：$-1 \to 0$　　還元される原子 Mn：$+4 \to +2$
問2　C：塩化水素を吸収させて除くため。　D：水蒸気を吸収させて除くため。　問3　下方置換

B 問1　(3)
問2　(ア)　$CaF_2 + H_2SO_4 \longrightarrow CaSO_4 + 2HF$
(ウ)　$NaCl + H_2SO_4 \longrightarrow NaHSO_4 + HCl$
(エ)　$CaCl(ClO) \cdot H_2O + 2HCl \longrightarrow CaCl_2 + 2H_2O + Cl_2$
問3　水素結合

7 16族 －酸素O－

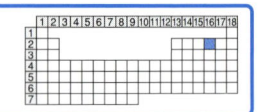

STEP 1 酸素の同素体をチェック!!

同じ元素の単体で，性質の異なる単体どうしを互いに同素体といい，酸素Oには酸素O_2とオゾンO_3があります。
色・におい・特徴の違いをチェックしましょう。

同素体	酸素O_2	オゾンO_3
分子の構造	 ●—●	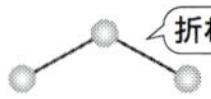 ●—●—● （折れ線です）
色・におい	無色・無臭	淡青色・特異臭
特徴	空気中に体積で約20％含まれている。工業的には，液体空気からつくられる。	オゾン層は太陽からの有害な紫外線を吸収して，地上の生物を保護している。

STEP 2 酸素O_2とオゾンO_3の製法をチェック!!

酸素の実験室での製法については，p.8〜11の気体の発生 パターン❸ 熱分解反応と パターン❹ 酸化還元反応で勉強しました。

① 塩素酸カリウムに酸化マンガン(Ⅳ)を触媒として加えて加熱します。

$$2KClO_3 \longrightarrow 2KCl + 3O_2 \quad \text{反応09} \quad \text{p.9}$$

② 過酸化水素の水溶液に酸化マンガン(Ⅳ)を触媒として加えます。

$$2H_2O_2 \longrightarrow O_2 + 2H_2O \quad \text{反応17} \quad \text{p.11}$$

また，オゾンは酸素中や空気中で静かに放電(無声放電)をするか，紫外線を当てるとつくることができます。

$$3O_2 \longrightarrow 2O_3 \quad \text{反応29}$$

O_3は強い酸化力をもっているので，水で湿らせたヨウ化カリウムKIデンプン紙を青変(p.15)しました。

$$\begin{cases} O_3 + H_2O + 2e^- \longrightarrow O_2 + 2OH^- & \cdots ① \\ 2I^- \longrightarrow I_2 + 2e^- & \cdots ② \end{cases}$$

$O_3 + 2H^+ + 2e^- \longrightarrow O_2 + H_2O$ の両辺に$2OH^-$を加えてつくってもよい

❷ I^-が酸化されてI_2へ

①＋②，両辺に$2K^+$を加えると，

$$2KI + O_3 + H_2O \longrightarrow I_2 + O_2 + 2KOH \quad \text{反応30}$$

ヨウ素デンプン反応して青色に変色させます

これだけで合格を決める問題　16族

7 ★☆☆

次の文章を読み，下の問いに答えよ。

酸素は空気や水，有機化合物を構成する元素として地球上に広く存在しており，地殻中に最も多く含まれる元素である。空気中ではO_2として乾燥空気中の体積の約　ア　割を占めている。実験室では酸化マンガン(Ⅳ)などを触媒とした　イ　の水溶液の分解でO_2を発生させることができる。酸素は活性が高く，さまざまな元素と化合して酸化物をつくる。

酸素O_2の同素体にはオゾンO_3がある。オゾンはO_2中で放電を行うか，O_2に　ウ　を当てると生じる。

オゾンは水で湿らせたヨウ化カリウムデンプン紙で検出できる。大気圏には，オゾン層があり，太陽光に含まれる　ウ　を吸収する役割がある。近年，冷媒，洗浄等に使用されてきたフロンが，このオゾン層を破壊し，地上に届く　ウ　が増加して生ずる健康影響が懸念されている。南半球上空では　エ　と呼ばれているオゾン層の薄い部分が発見された。

問1　文中の　ア　〜　エ　に適切な語句，化学式または数字を書け。

問2　下線部の方法において，オゾンによりヨウ化カリウムデンプン紙は何色になるか。また，その際にどのような反応が起こっているか，化学反応式で書け。

〔千葉大〕

解説

問1　O_2は，乾燥空気中の体積の約20％つまり**2**割を占めている。

実験室ではMnO_2などを触媒とした**過酸化水素(H_2O_2)**（ア）の水溶液の分解でO_2を発生させることができる。

$$2H_2O_2 \longrightarrow 2H_2O + O_2 \quad \text{反応式17}$$

O_3はO_2中で放電を行うか，O_2に**紫外線**（ウ）を当てると生じる。

$$3O_2 \longrightarrow 2O_3 \quad \text{反応式29}$$

大気圏にはオゾン層があり，太陽光に含まれる**紫外線**を吸収する役割がある。南半球上空では**オゾンホール**（エ）とよばれているオゾン層の薄い部分が発見されている。

問2　オゾンの酸化作用により，I^-が酸化されてI_2に変化することでヨウ素デンプン反応して，ヨウ化カリウムデンプン紙は青色になる。

$$O_3 + 2KI + H_2O \longrightarrow I_2 + O_2 + 2KOH$$

解答

問1　ア：2　イ：過酸化水素(H_2O_2)　ウ：紫外線　エ：オゾンホール

問2　青色　$2KI + O_3 + H_2O \longrightarrow I_2 + 2KOH + O_2$

8 16族 －硫黄S－

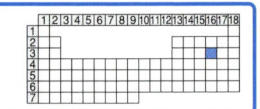

STEP 1 硫黄は，まず同素体からですよ!!

同素体の表をチェックしよう!!

同素体	斜方硫黄	単斜硫黄	ゴム状硫黄
外観	黄色,塊状結晶	黄色,針状結晶	黄色～褐色,ゴム状固体
分子の構成	環状分子 S_8	環状分子 S_8	鎖状分子 S_x

また，硫黄を空気中で燃やすと，青い炎をあげて燃えて，SO_2 を発生します。$S + O_2 \longrightarrow SO_2$　反応式 31

STEP 2 硫黄の化合物は，H_2S と SO_2 が頻出です!!

H_2S の性質をチェック!!

硫化水素 H_2S は，**無色，腐卵臭，有毒**な気体で，水に少し溶け，その水溶液は**弱酸性**を示します。

$H_2S \rightleftarrows H^+ + HS^-$

$HS^- \rightleftarrows H^+ + S^{2-}$

H_2S の製法

実験室では，FeS に塩酸や希硫酸を加えると発生しました。

① $FeS + 2HCl \longrightarrow H_2S + FeCl_2$　反応式 01　→ p.8

② $FeS + H_2SO_4 \longrightarrow H_2S + FeSO_4$　反応式 02　→ p.8

H_2S は，**強い還元剤**でもあります。

$H_2S \longrightarrow S + 2H^+ + 2e^-$　●H_2SはSへ

SO_2 の性質をチェック!!

二酸化硫黄 SO_2 は，**無色，刺激臭，有毒**な気体で，水に溶け，その水溶液は**弱酸性**を示します。

$SO_2 + H_2O \rightleftarrows HSO_3^- + H^+$

$HSO_3^- \rightleftarrows SO_3^{2-} + H^+$

SO_2 の製法

実験室では，Na_2SO_3 に希硫酸を加えたり，Cu を熱濃硫酸の中に入れることで発生しました。

① $Na_2SO_3 + H_2SO_4 \longrightarrow H_2O + SO_2 + Na_2SO_4$　反応式 04　→ p.8

② $Cu + 2H_2SO_4 \longrightarrow CuSO_4 + SO_2 + 2H_2O$　反応式 13　→ p.10

SO_2 はふつう還元剤として反応します。

$SO_2 + 2H_2O \longrightarrow SO_4^{2-} + 4H^+ + 2e^-$　●SO_2はSO_4^{2-}へ

ただし，H_2S のような強い還元剤との反応では**酸化剤として反応する**こともあります。

$SO_2 + 4H^+ + 4e^- \longrightarrow S + 2H_2O$　●SO_2はSへ

STEP 3 接触法は重要です!!

流れが重要!!

H_2SO_4 の工業的製法を**接触法**といいます。

❶ 石油精製のときに得られたSを燃やします。

$S + O_2 \longrightarrow SO_2$ 反応式 31

❷ **V_2O_5 を触媒**とし，SO_2 を空気中の O_2 と反応させます。

$2SO_2 + O_2 \longrightarrow 2SO_3$ 反応式 32

❸ SO_3 を濃硫酸に吸収させて得られる**発煙硫酸**を希硫酸でうすめて濃硫酸にします。

$SO_3 + H_2O \longrightarrow H_2SO_4$ 反応式 33

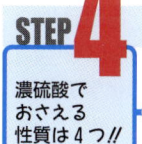

STEP 4 H_2SO_4 を抜けなくおさえましょう!!

濃硫酸でおさえる性質は4つ!!

濃硫酸は，無色で粘性をもった密度の大きな液体です。

① **強い酸化剤**であり，イオン化傾向が水素より小さな Cu や Ag と反応して SO_2 を発生します。

$Cu + 2H_2SO_4 \longrightarrow CuSO_4 + SO_2 + 2H_2O$ 反応式 13 → p.10

② **不揮発性**で，揮発性の酸の製法に利用します。→ p.9

$NaCl + H_2SO_4 \longrightarrow NaHSO_4 + HCl$ 反応式 06 → p.9

$CaF_2 + H_2SO_4 \longrightarrow 2HF + CaSO_4$ 反応式 07 → p.9

③ **脱水作用**をもち，反応させる物質から H_2O をうばうはたらきをもっていました。→ p.9

$HCOOH \longrightarrow CO + H_2O$ 反応式 05 → p.9

$C_{12}H_{22}O_{11} \longrightarrow 12C + 11H_2O$ 反応式 34
スクロース └─ H_2O をうばって炭化します

④ **強い吸湿性**をもち，酸性の乾燥剤として使われます。→ p.29

希硫酸については，次の①〜③をおさえましょう。

希硫酸の性質

〈希硫酸のつくり方〉

① 濃硫酸を水に少しずつかき混ぜながら加えてつくります。

② 電離して**強酸性**を示します。

$H_2SO_4 \longrightarrow H^+ + HSO_4^-$

$HSO_4^- \rightleftarrows H^+ + SO_4^{2-}$

③ イオン化傾向が水素よりも大きな Zn などの金属と反応して，水素を発生します。

$Zn + H_2SO_4 \longrightarrow ZnSO_4 + H_2$ 反応式 12 → p.10

これだけで合格を決める問題 16族

8 ★★

硫黄原子 $_{16}$S は，K殻，L殻，M殻にそれぞれ A ， B ， C 個の電子をもっている。

硫黄は，火山地帯で産出し，工業的には，石油を精製するとき大量に得られる。硫黄の単体には，斜方硫黄，単斜硫黄や a 硫黄があり，これらを互いに b という。硫黄は，空気中で点火すると，青白い炎をあげて燃え，有毒な ア を生じる。

実験室では，亜硫酸水素ナトリウムに硫酸を作用させて ア をつくる。このとき，ア は空気よりも重く，水に溶けるので， c 置換で捕集される。

触媒を用いて ア を空気中の酸素と反応させると，イ になる。イ を濃硫酸に吸収させ，その中の水と反応させて硫酸にする。硫酸のこのような工業的製法を d といい，触媒としては ウ がよく用いられる。硫酸は，肥料の製造などの化学工業における用途がきわめて多い。

ぁ希硫酸は，水素よりも e の大きい鉄と反応する。ぃ濃硫酸を加熱すると，強い酸化作用を示し，水素よりも e の小さい銅とも反応する。硫酸イオンを含む水溶液にバリウムイオンを含む水溶液を加えると，白色沈殿を生じる。この沈殿は エ であり，水に対する溶解度は小さい。

ぅ希硫酸に硫化鉄(II)を反応させると，硫化水素が発生する。カドミウムイオンを含む水溶液に硫化水素を通じると，水に溶けにくい硫化物である オ が沈殿する。

問1　空欄 A ～ C に適当な数字を入れよ。
問2　空欄 a ～ e に適当な語句を入れよ。
問3　空欄 ア ～ オ にあてはまる化合物を化学式で示せ。
問4　下線部ぁ～ぅで起こる反応を化学反応式で示せ。

〔信州大〕

解説

問1～4 Sは原子番号が16なのでその電子配置は，K⑵ L⑻ M⑹ となる。
　　　　　　　　　　　　　　　　　　　　　　　　　　A　　B　　C

硫黄の 同素体 には，斜方硫黄，単斜硫黄や ゴム状 硫黄がある。
　　　　　b　　　　　　　　　　　　　　　　　　　a

Sは空気中で点火すると，青白い炎をあげて燃え，有毒な SO_2 を生じる。
　　　　　　　　　　　　　　　　　　　　　　　　　　　　　　ア

$$S + O_2 \longrightarrow SO_2$$

SO_2 は，亜硫酸水素ナトリウム $NaHSO_3$ に希硫酸を作用させてつくることができる。
ア

$$HSO_3^- + H^+ \longrightarrow H_2SO_3$$
（$H_2O + SO_2$ に分解）

$$2HSO_3^- + 2H^+ \longrightarrow 2H_2O + 2SO_2$$

（H_2SO_4（2価）なので，2倍します）

両辺に $2Na^+$ と SO_4^{2-} を加えると，

$$2NaHSO_3 + H_2SO_4 \longrightarrow 2H_2O + 2SO_2 + Na_2SO_4$$

SO_2 は空気よりも重く，水に溶けるので，下方置換で捕集される。
　触媒 V_2O_5 を用いて SO_2 を空気中の O_2 と反応させると SO_3 になる。SO_3 を濃硫酸に吸収させて硫酸にする。硫酸のこのような工業的製法を接触法という。
　希硫酸は，水素よりもイオン化傾向の大きい Fe と反応する。

$$\begin{cases} Fe \longrightarrow Fe^{2+} + 2e^- & \cdots ① \\ 2H^+ + 2e^- \longrightarrow H_2 & \cdots ② \end{cases}$$ ◯Fe は Fe^{2+} へ〔覚えておこう‼〕

①+②，両辺に SO_4^{2-} を加えると(あ)の化学反応式になる。
　　$Fe + H_2SO_4 \longrightarrow FeSO_4 + H_2$　←問4の解答

　濃硫酸を加熱すると，強い酸化作用を示し，水素よりもイオン化傾向の小さい Cu とも反応する。

$$\begin{cases} Cu \longrightarrow Cu^{2+} + 2e^- & \cdots ① \\ H_2SO_4 + 2H^+ + 2e^- \longrightarrow SO_2 + 2H_2O & \cdots ② \end{cases}$$

①+②，両辺に SO_4^{2-} を加えると(い)の化学反応式になる。　p.10
　　$Cu + 2H_2SO_4 \longrightarrow CuSO_4 + SO_2 + 2H_2O$　←問4の解答

　SO_4^{2-} は，Ba^{2+}，Ca^{2+}，Sr^{2+}，Pb^{2+} などと沈殿をつくる。例えば，Ba^{2+} とは
　　$Ba^{2+} + SO_4^{2-} \longrightarrow BaSO_4 \downarrow$
$BaSO_4$ の白色沈殿をつくる。　p.18

　希硫酸に FeS を反応させると，H_2S が発生する。
　　$S^{2-} + H_2SO_4 \longrightarrow H_2S + SO_4^{2-}$

　両辺に Fe^{2+} を加えると(う)の化学反応式になる。　p.8
　　$FeS + H_2SO_4 \longrightarrow H_2S + FeSO_4$　←問4の解答

　Cd^{2+} 水溶液に H_2S を通じると，液性に関係なく CdS の黄色沈殿が生成する。　p.20

解答

問1　A：2　　B：8　　C：6

問2　a：ゴム状　　b：同素体　　c：下方　　d：接触法
　　　e：イオン化傾向

問3　ア：SO_2　　イ：SO_3　　ウ：V_2O_5　　エ：$BaSO_4$　　オ：CdS

問4　(あ)　$Fe + H_2SO_4 \longrightarrow FeSO_4 + H_2$
　　　(い)　$Cu + 2H_2SO_4 \longrightarrow CuSO_4 + 2H_2O + SO_2$
　　　(う)　$FeS + H_2SO_4 \longrightarrow FeSO_4 + H_2S$

9 15族 −窒素N−

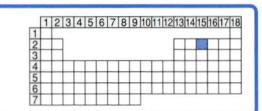

STEP 1 窒素の単体は簡単です!!

> N_2の構造式はN≡Nで，安定です。実験室でのつくり方もチェック！

N_2は無色・無臭の水に溶けにくい気体で，空気中に体積で約80％含まれています。

工業的には，**液体空気**からつくられます。

実験室では，亜硝酸アンモニウム水溶液を加熱してつくります。→p.9

$$NH_4NO_2 \longrightarrow N_2 + 2H_2O \quad \text{反応式 10} \quad \to p.9$$

STEP 2 NH_3について考えます!!

> 刺激臭 弱塩基性は重要!!

NH_3は，**無色・刺激臭**で水によく溶け**弱塩基性**を示す気体です。

$$NH_3 + H_2O \rightleftarrows NH_4^+ + OH^- \quad \text{反応式 35}$$

> 工業的製法

工業的には，N_2とH_2の混合物を400〜600℃，高圧の下，**Feを主成分とする触媒**を使う**ハーバー・ボッシュ法**によってつくられます。

$$N_2 + 3H_2 \rightleftarrows 2NH_3 \quad \text{反応式 36}$$

> 実験室でのつくり方

実験室では，NH_4Clと$NaOH$や$Ca(OH)_2$の混合物を加熱して発生させます。→p.8

$$NH_4Cl + NaOH \longrightarrow NH_3 + H_2O + NaCl \quad \text{反応式 05} \quad \to p.8$$

$$2NH_4Cl + Ca(OH)_2 \longrightarrow 2NH_3 + 2H_2O + CaCl_2 \quad \text{反応式 37} \quad \to p.13$$

STEP 3 NOとNO_2をまとめてチェック!!

> NOは無色

NOは無色の水に溶けにくい気体で，高温でN_2とO_2が反応して生成します。

$$N_2 + O_2 \longrightarrow 2NO \quad \text{反応式 38}$$

> NO_2は赤褐色

NO_2は**赤褐色**で**刺激臭**をもつ**有毒な気体**で，NOが空気中のO_2と反応して生成します。→p.15

$$2NO(無色) + O_2 \longrightarrow 2NO_2(赤褐色) \quad \text{反応式 21} \quad \to p.15$$

> N_2O_4は無色

常温では，NO_2の一部は無色のN_2O_4になっています。

$$2NO_2(赤褐色) \rightleftarrows N_2O_4(無色) \quad \text{反応式 39}$$

> 実験室でのつくり方

実験室では，NOはCuと希硝酸，NO_2はCuと濃硝酸から発生させることができます。→p.10

$$3Cu + 8HNO_3 \longrightarrow 3Cu(NO_3)_2 + 2NO + 4H_2O \quad \text{反応式 15} \quad \to p.10$$

$$Cu + 4HNO_3 \longrightarrow Cu(NO_3)_2 + 2NO_2 + 2H_2O \quad \text{反応式 14} \quad \to p.10$$

STEP 4 オストワルト法をマスターする!!

オストワルト法の基本工程

ハーバー・ボッシュ法でつくられたNH_3は，**オストワルト法**とよばれるHNO_3の工業的製法に使われます。

① NH_3を**Pt触媒**を使って，約800℃で空気中のO_2と反応させて**NO**とH_2Oをつくります。

次にNとHの数をそろえます

$$1NH_3 + \frac{5}{4}O_2 \longrightarrow 1NO + \frac{3}{2}H_2O$$

まず，NH_3の係数を1に… 最後にOの数をそろえます（NOとH_2Oが生成します）

全体を4倍して，完成です。

❶ $4NH_3 + 5O_2 \longrightarrow 4NO + 6H_2O$ 反応式40

② NOをさらに空気中のO_2と反応させてNO_2とします。

❷ $2NO + O_2 \longrightarrow 2NO_2$ 反応式21 ⇨p.15

③ NO_2を温水に吸収させるとHNO_3とNOが生成します。

$$\begin{cases} NO_2 + H_2O \longrightarrow HNO_3 + H^+ + e^- & \cdots① \quad ●NO_2がHNO_3へ \\ NO_2 + 2H^+ + 2e^- \longrightarrow NO + H_2O & \cdots② \quad ●NO_2がNOへ \end{cases}$$

①×2＋②より，

❸ $3NO_2 + H_2O \longrightarrow 2HNO_3 + NO$ 反応式41

オストワルト法全体の化学反応式は，

まとめ方は重要です

❶式＋❷式×3＋❸式×2で1つにまとめ，最後に4で割ることで，

$NH_3 + 2O_2 \longrightarrow HNO_3 + H_2O$ 反応式42

オストワルト法のまとめ

$$NH_3 \xrightarrow[\text{[Pt]}]{O_2} NO \xrightarrow{O_2} NO_2 \xrightarrow{温水} \begin{cases} HNO_3 \\ NO \end{cases}$$

再利用します

STEP 5 HNO_3の最重要ポイントをチェック!!

強酸

濃硝酸，希硝酸ともに次のように電離して**強酸性**を示します。

$HNO_3 \longrightarrow H^+ + NO_3^-$ 反応式43

酸化剤

また，濃硝酸，希硝酸ともに，**強い酸化剤**なので，水素よりイオン化傾向の小さなCuやAgなどとも反応して，それぞれNO_2，NOを発生します。 ⇨p.10

不動態

このとき，Fe，Ni，Alなどの金属は，濃硝酸とその表面にち密な酸化物の被膜をつくって（→この状態を**不動態**といいます），ほとんど反応しません。 ⇨p.10

ゴロ合わせ ▶ 不動態はFe（手）Ni（に）Al（アル）

光で分解

硝酸は，光に当たると分解しやすいので，**褐色ビンに保存**します。

これだけで合格を決める問題 15族

9 ★★☆

次の文章を読み，下の問いに答えよ。

窒素は周期表の15族に属し，その原子は あ 個の価電子をもっている。単体の窒素 N_2 は空気の主成分で，体積で約78％を占めている。窒素は工業的には い の分留によって得られる。窒素は無色，無臭の気体で常温では反応性に乏しいが，高温では反応性が高くなり，たとえば，水素と反応してアンモニア NH_3 となり，また，酸素と反応して一酸化窒素 NO や二酸化窒素 NO_2 となる。

アンモニアは無色で刺激臭をもち，空気より軽い気体である。実験室では(A)塩化アンモニウムに水酸化カルシウムを混合して加熱することによって得られ， う 置換で捕集する。工業的には窒素と水素を体積比1：3で混合し， え を主成分とする触媒を用いて高温，高圧下で合成される。この方法を お 法とよぶ。

(B)白金を触媒として800～900℃でアンモニアを空気中の酸素と反応させると，一酸化窒素が生成する。(C)一酸化窒素をさらに空気中の酸素と反応させると二酸化窒素が生成する。これを水に吸収させると，式[1]に示すように硝酸 HNO_3 が生成する。

$$3NO_2 + H_2O \longrightarrow 2HNO_3 + NO \quad [1]$$

式[1]で生成した一酸化窒素は再び酸化され，最終的にすべて硝酸になる。この方法をオストワルト法とよぶ。

(1) 文中の空欄 あ ～ お にもっとも適する数字あるいは語句を記せ。
(2) 下線部(A)の反応について，以下の問いに答えよ。
 (i) この反応を化学反応式で示せ。
 (ii) この反応を酸・塩基の強弱の考えをもとに説明せよ。
(3) オストワルト法による硝酸合成に関して，以下の問いに答えよ。
 (i) 下線部(B)の反応を化学反応式で示せ。
 (ii) 下線部(C)の反応を化学反応式で示せ。
 (iii) アンモニアから硝酸ができるまでの反応をまとめて一つの化学反応式で示せ。
(4) 右表に示す組み合わせで金属が酸に溶解する際に，それぞれの組み合わせで主に生成する気体を化学式で答えよ。ただし，金属が溶解しない場合には「溶解しない」と記せ。

金属	酸	発生する気体
銅	希硝酸	(i)
銀	濃硝酸	(ii)
鉄	濃硝酸	(iii)

〔同志社大〕

解説 (1), (2) 窒素原子は原子番号7なので，その電子配置はK(2)L(5)となり，価電子は$\boxed{5}$個。N_2は工業的には$\boxed{液体空気}$を沸点の違いによって分け取る操作(→分留という)により得る。

NH_3は，実験室ではNH_4Clと$Ca(OH)_2$を混合して加熱することによって得られる。この反応は，強塩基の$Ca(OH)_2$を利用して弱塩基のNH_3が遊離することでおこる。

$$2NH_4Cl + Ca(OH)_2 \longrightarrow 2NH_3 + 2H_2O + CaCl_2 \quad \leftarrow\text{(2)(ii)の解答} \\ \leftarrow\text{(2)(i)の解答}$$

となり，NH_3は$\boxed{上方}$置換で捕集する。

工業的には，$\boxed{鉄}$を主成分とする触媒を用いた$\boxed{ハーバー・ボッシュ}$法により，N_2とH_2から合成される。$N_2 + 3H_2 \rightleftarrows 2NH_3$

(3) オストワルト法では，
まず，Ptを触媒としてNH_3を空気中のO_2と反応させてNOを生成する。

$$4NH_3 + 5O_2 \longrightarrow 4NO + 6H_2O \quad \cdots ① \quad \leftarrow\text{(3)(i)の解答}$$

次に，NOをさらに空気中のO_2と反応させてNO_2を生成する。

$$2NO + O_2 \longrightarrow 2NO_2 \quad \cdots ② \quad \leftarrow\text{(3)(ii)の解答}$$

最後に，NO_2を水に吸収させるとHNO_3が生成する。

$$3NO_2 + H_2O \longrightarrow 2HNO_3 + NO \quad \cdots ③$$

全体の化学反応式は，(①+②×3+③×2)÷4 より，

$$NH_3 + 2O_2 \longrightarrow HNO_3 + H_2O \quad \leftarrow\text{(3)(iii)の解答}$$

(4) (i) 希硝酸はAg以上のイオン化傾向であるCuとはNOを発生し，反応する。

$$3Cu + 8HNO_3 \longrightarrow 3Cu(NO_3)_2 + 2NO + 4H_2O$$

(ii) 濃硝酸はAg以上のイオン化傾向であるAgとはNO_2を発生し，反応する。

$$\begin{cases} Ag \longrightarrow Ag^+ + e^- & \cdots ① \quad \text{●Agは}Ag^+\text{へ} \\ HNO_3 + H^+ + e^- \longrightarrow NO_2 + H_2O & \cdots ② \end{cases}$$

①+②，両辺にNO_3^-を加えると，

$$Ag + 2HNO_3 \longrightarrow AgNO_3 + NO_2 + H_2O$$

(iii) Fe, Ni, Alなどは濃硝酸と不動態になるので，ほとんど気体は発生しない。

解答 (1) あ：5　い：液体空気　う：上方　え：鉄　お：ハーバー・ボッシュ
(2) (i) $2NH_4Cl + Ca(OH)_2 \longrightarrow 2NH_3 + 2H_2O + CaCl_2$
(ii) 強塩基の水酸化カルシウムを利用して弱塩基のアンモニアを遊離させている。
(3) (i) $4NH_3 + 5O_2 \longrightarrow 4NO + 6H_2O$　(ii) $2NO + O_2 \longrightarrow 2NO_2$
(iii) $NH_3 + 2O_2 \longrightarrow HNO_3 + H_2O$
(4) (i) NO　(ii) NO_2　(iii) 溶解しない

10 15族 −リンP−

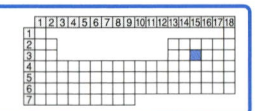

STEP 1 黄リンと赤リンの違いをチェック!!

まず、リンは同素体をおさえます!!

同素体である黄リンP_4と赤リンP_nの違いを覚えましょう。

黄リンとは

黄リンP_4は淡黄色・有毒な固体で、空気中で自然発火することがあるので水中に保存します。

黄リンP_4 ← 無極性溶媒のCS_2に溶けるよ

赤リンとは

赤リンP_nは赤褐色・毒性の少ない粉末で、マッチの摩擦面に使われています。

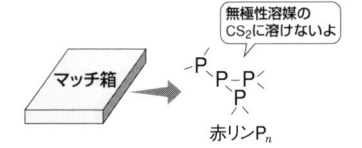

マッチ箱 → 赤リンP_n 無極性溶媒のCS_2に溶けないよ

同素体のまとめ

同素体	黄リンP_4	赤リンP_n
外観	淡黄色, ろう状固体	赤褐色, 粉末
融点〔℃〕	44	−
発火点〔℃〕	34	260
CS_2への溶解	溶ける	溶けない
特徴	空気中で自然発火する →水中に保存する	マッチ箱の発火剤に使用
毒性	有毒	毒性少ない
におい	悪臭	無臭

黄リンや赤リンのつくり方

黄リンは、リン鉱石(主成分$Ca_3(PO_4)_2$)に、けい砂(主成分SiO_2)とコークスCとを混ぜて電気炉内で加熱し発生する蒸気を水中に導いてつくります。

$$リン鉱石 \xrightarrow[加熱]{けい砂, コークス} 黄リン$$

この黄リンを窒素中で250℃付近で数時間熱すると赤リンになります。

$$黄リン \xrightarrow{250℃} 赤リン$$

黄リンや赤リンを、空気中で燃焼させると十酸化四リンP_4O_{10}になります。

$$4P + 5O_2 \longrightarrow P_4O_{10} \quad \text{反応式 44}$$

吸湿性の強い白色の結晶で、酸性の乾燥剤です。 p.29

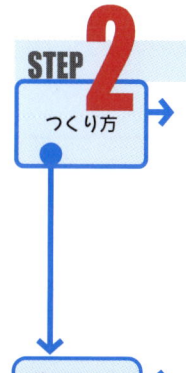

STEP 2 次に，リンの化合物をおさえよう!!

つくり方

十酸化四リンP_4O_{10}に水を加えて加熱するとリン酸が生成します。

$$P_4O_{10} + 6H_2O \longrightarrow 4H_3PO_4 \quad \text{反応式 45}$$

無色の結晶で水によく溶けます

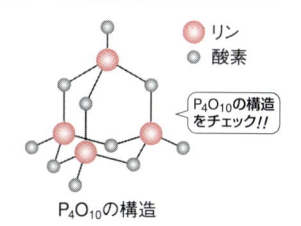

●リン ●酸素

P_4O_{10}の構造をチェック!!

P_4O_{10}の構造

酸のつよさ

リン酸の水溶液は，**中程度の強さの酸性**を示します。

$$H_3PO_4 \rightleftharpoons H^+ + H_2PO_4^-$$ ●第1電離はあまり大きくありません。
$$H_2PO_4^- \rightleftharpoons H^+ + HPO_4^{2-}$$
$$HPO_4^{2-} \rightleftharpoons H^+ + PO_4^{3-}$$

第2・第3電離になるにつれて電離度はさらに小さくなります。

STEP 3 最後に，肥料の三要素をチェック!!

じっくりよんで下さい

植物の成長に必要な元素であるが，不足しがちな元素には，

窒素・リン・カリウム ●肥料の三要素

の三つがあり，これらの栄養分を補給するために窒素肥料・リン酸肥料・カリ肥料(→化学肥料)を使用します。

植物は，水に溶けた$H_2PO_4^-$やPO_4^{3-}の形でリンを根から吸収するのですが，$Ca_3(PO_4)_2$は水に溶けにくいので水に溶けやすい$Ca(H_2PO_4)_2$にすることが必要になります。そのため，$Ca_3(PO_4)_2$を希硫酸H_2SO_4やリン酸H_3PO_4で処理して$Ca(H_2PO_4)_2$にします。

(1) H_2SO_4で処理する場合

$$\boxed{PO_4^{3-} + H_2SO_4 \longrightarrow H_2PO_4^- + SO_4^{2-}} \quad ←暗記$$

全体を2倍して，両辺に$3Ca^{2+}$を加えると，

$$Ca_3(PO_4)_2 + 2H_2SO_4 \longrightarrow Ca(H_2PO_4)_2 + 2CaSO_4 \quad \text{反応式 46}$$

過リン酸石灰とよばれる混合物になるよ
$CaSO_4$は水に溶けないので無駄になります

(2) H_3PO_4で処理する場合

$$\boxed{PO_4^{3-} + 2H_3PO_4 \longrightarrow 3H_2PO_4^-} \quad ←暗記$$

全体を2倍して，両辺に$3Ca^{2+}$を加えると，

$$Ca_3(PO_4)_2 + 4H_3PO_4 \longrightarrow 3Ca(H_2PO_4)_2 \quad \text{反応式 47}$$

重過リン酸石灰といいます

これだけで合格を決める問題 15族

10 ★★

A リンを工業的に製造するには，次のように行う。リン酸カルシウム（ a ）にケイ砂（ b ）とコークス（ c ）とを混合して電気炉中で加熱する。このとき発生する蒸気を空気と接触させることなく，水中に導いて固化させて ア （ d ）を得る。 ア を空気中に放置すると イ する危険性がある。 ア を約250℃で空気を遮断して長時間加熱すると，同素体の網目状分子である ウ が得られる。(1)リンを空気中で燃焼させると，潮解性のある白色粉末状の エ が生成する。(2) エ に，水を加えて熱するとリン酸（H_3PO_4）が生成する。リン酸は種々のリン酸塩の原料として重要である。肥料などに用いられる水溶性のリン酸二水素カルシウムは，(3)リン酸カルシウムとリン酸とを反応させて得られる。

問1 空欄 a ～ d に適切な化学式を， 空欄 ア ～ エ に適切な語を入れよ。
問2 下線部(1)～(3)の反応を化学反応式で記せ。

B (1)リンを空気中で燃やすと酸化物ができる。(2)この酸化物を水に溶かして煮沸すると，水溶液は□□性を示した。このような酸化物を□□性酸化物という。リン酸化合物は肥料として重要で(3)リン酸カルシウムと硫酸との反応でできる混合物（リン酸二水素カルシウムと硫酸カルシウム）は過リン酸石灰といい，リン酸肥料として用いられる。原子量は，H=1.0，C=12.0，O=16.0，P=31.0，S=32.1，Ca=40.1とせよ。

問1 □□に適切な語句を入れよ。
問2 下線部①～③を化学反応式で示せ。
問3 過リン酸石灰10kg中のリンの含量(kg)を有効数字2けたで求めよ。

〔A 名古屋工大　B 千葉大(改)〕

解説

A 問1，2 リン酸カルシウム $Ca_3(PO_4)_2$（a）にケイ砂 SiO_2（b）とコークス C（c）とを混合して電気炉中で加熱し発生する蒸気を水中に導いて黄リン P_4（ア，d）を得ることができる。

黄リン（ア）を空気中に放置すると自然発火（イ）する危険性がある。

黄リン（ア）を空気を遮断して長時間加熱すると，同素体である赤リン（ウ）が得られる。リンPを空気中で燃焼させると，潮解性のある白色粉末状の十酸化四リン（エ）P_4O_{10} が生成する。

$$4P + 5O_2 \longrightarrow P_4O_{10} \quad \leftarrow \text{(1)の化学反応式}$$

十酸化四リン（エ）に，水を加えて熱するとリン酸 H_3PO_4 が生成する。

$$P_4O_{10} + 6H_2O \longrightarrow 4H_3PO_4 \quad \leftarrow \text{(2)の化学反応式}$$

肥料などに用いられる水溶性のリン酸二水素カルシウム$Ca(H_2PO_4)_2$は、リン酸カルシウム$Ca_3(PO_4)_2$とリン酸H_3PO_4とを反応させて得られる。

$$Ca_3(PO_4)_2 + 4H_3PO_4 \longrightarrow 3Ca(H_2PO_4)_2 \quad \leftarrow \text{(3)の化学反応式}$$

B 問1，2 リンPを空気中で燃やすと酸化物P_4O_{10}ができる。

$$4P + 5O_2 \longrightarrow P_4O_{10} \quad \leftarrow \text{①の化学反応式}$$

P_4O_{10}を水に溶かして煮沸すると、H_3PO_4が生成する。H_3PO_4の水溶液は中程度の強さの 酸 性を示す。

$$P_4O_{10} + 6H_2O \longrightarrow 4H_3PO_4 \quad \leftarrow \text{②の化学反応式}$$

酸の働きをする酸化物を 酸 性酸化物といい、非金属元素の酸化物に多く、塩基の働きをする酸化物を塩基性酸化物といい、金属元素の酸化物に多い。

リン酸肥料として用いられる過リン酸石灰は、リン酸カルシウム$Ca_3(PO_4)_2$と硫酸H_2SO_4との反応でつくられる。

$$Ca_3(PO_4)_2 + 2H_2SO_4 \longrightarrow Ca(H_2PO_4)_2 + 2CaSO_4 \quad \leftarrow \text{③の化学反応式}$$

問3 過リン酸石灰$Ca(H_2PO_4)_2 + 2CaSO_4$中のリンPは、

$$\frac{2P}{Ca(H_2PO_4)_2 + 2CaSO_4} = \frac{2 \times 31.0}{234.1 + 2 \times 136.2} = \frac{62.0}{506.5}$$

なので、過リン酸石灰10kg中のリンPの含量は、

$$10 \times \frac{62.0}{506.5} \fallingdotseq 1.2 \text{[kg]}$$

解答

A 問1 a：$Ca_3(PO_4)_2$　b：SiO_2　c：C　d：P
　　　ア：黄リン　イ：自然発火　ウ：赤リン　エ：十酸化四リン
　　問2 (1) $4P + 5O_2 \longrightarrow P_4O_{10}$
　　　　(2) $P_4O_{10} + 6H_2O \longrightarrow 4H_3PO_4$
　　　　(3) $Ca_3(PO_4)_2 + 4H_3PO_4 \longrightarrow 3Ca(H_2PO_4)_2$
B 問1 酸
　　問2 ① $4P + 5O_2 \longrightarrow P_4O_{10}$
　　　　② $P_4O_{10} + 6H_2O \longrightarrow 4H_3PO_4$
　　　　③ $Ca_3(PO_4)_2 + 2H_2SO_4 \longrightarrow Ca(H_2PO_4)_2 + 2CaSO_4$
　　問3 1.2kg

11 14族 －ケイ素Si－

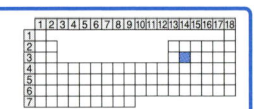

STEP 1 ケイ素の単体は注意が必要です!!

ケイ素Siは，地殻中に二番目に多く存在する元素で，地殻中に多く含まれる元素の順序は，次の順になります。

① 酸素O　　② ケイ素Si　　③ アルミニウムAl

ゴロ合わせ ▶ お(O)し(Si)ゃある(Al)

Si単体の性質

① **ダイヤモンドと同じ構造**をもつ灰色の共有結合の結晶で，硬くて融点が高い。
② 金属と非金属の中間の電気伝導性をもつ。
③ 高純度のものは**半導体**として，**集積回路(IC)**や**太陽電池**に使われる。

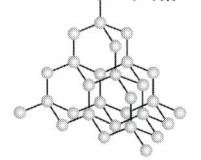

また，Siの単体は**自然界には存在しない**ので，二酸化ケイ素SiO_2をコークスCで還元して得られます。

$$SiO_2 + 2C \longrightarrow Si + 2CO$$ 反応式 48　◀CがSiO₂からOをうばう！

STEP 2 二酸化ケイ素SiO_2の性質を細かくチェック!!

SiO₂の性質

① **石英**や**ケイ砂**(石英が砂状になったもの)，**水晶**(石英の透明な結晶)などとして天然に存在している。
② 立体的網目構造をもつ共有結合の結晶。
③ NaOHやNa₂CO₃などの塩基と反応する酸性酸化物である。 ○STEP3 で詳しく!!
④ フッ化水素HFやフッ化水素酸と反応する。 ○STEP3 で詳しく!!

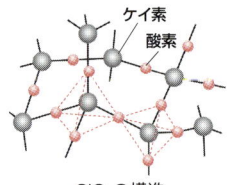

身のまわりのSiO₂をチェック!!

① **ソーダガラス**(ふつうのガラス)…窓ガラスに利用
　→ SiO₂をCaCO₃やNa₂CO₃とともに高温で融解してつくる
② **石英ガラス**…光ファイバーに利用
　→ SiO₂を高温で融解し，急冷してつくる
③ **セメント**(ポルトランドセメント)
　→ CaCO₃と粘土(SiO₂，Al₂O₃など)からつくった塊にセッコウを加えてつくる。
④ **コンクリート**
　→ セメントに砂と砂利をまぜたもの

STEP 3 STEP 2 を詳細に…

塩基との反応

酸性酸化物である SiO_2 は，$NaOH$ や Na_2CO_3 などの塩基とともに加熱すると，ケイ酸ナトリウム Na_2SiO_3 が得られます。

具体例 ① SiO_2 と $NaOH$ の反応は，

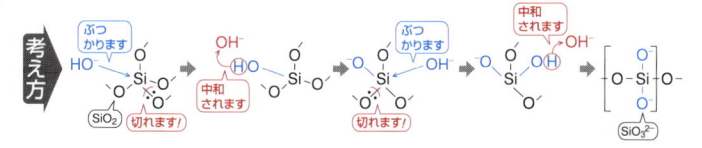

[考え方の図]

SiO_2 に OH^- がぶつかり，OH^- が中和されて H_2O ができることで SiO_3^{2-} が生成するので，

$$SiO_2 + 2OH^- \longrightarrow SiO_3^{2-} + H_2O$$

となり，両辺に $2Na^+$ を加えることでつくることができます。

$$SiO_2 + 2NaOH \longrightarrow Na_2SiO_3 + H_2O \quad \text{反応式 49}$$

② SiO_2 と Na_2CO_3 の反応は，

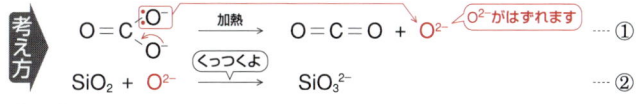

[考え方の図]

$$O=C\begin{matrix}O^-\\O^-\end{matrix} \xrightarrow{加熱} O=C=O + O^{2-} \quad \cdots ①$$
$$SiO_2 + O^{2-} \xrightarrow{くっつくよ} SiO_3^{2-} \quad \cdots ②$$

①＋②より，$SiO_2 + CO_3^{2-} \longrightarrow SiO_3^{2-} + CO_2$

となり，両辺に $2Na^+$ を加えることでつくることができます。

$$SiO_2 + Na_2CO_3 \longrightarrow Na_2SiO_3 + CO_2 \quad \text{反応式 50}$$

HFとの反応

フッ化水素 HF やフッ化水素の水溶液であるフッ化水素酸とガラスや石英の主成分である SiO_2 は，それぞれ次のように反応して SiO_2 を溶かします。

[反応の図：フッ化水素酸のときはさらにFと反応し SiF_6^{2-} になる！フッ化水素を使ったときはここまでです]

まとめると，

$$SiO_2 + 4HF \longrightarrow SiF_4 + 2H_2O \quad \text{反応式 27}$$
フッ化水素　四フッ化ケイ素

$$SiO_2 + 6HF \longrightarrow H_2SiF_6 + 2H_2O \quad \text{反応式 28}$$
フッ化水素酸　ヘキサフルオロケイ酸

HF は SiO_2 と反応するので，**くもりガラスの製造やガラスの目盛りつけ**に利用されます。また，フッ化水素酸はガラスを溶かすので，保存するときには，**ポリエチレン製のびん**を使います。

これだけで合格を決める問題 14族

11

ケイ素は化学産業のみならず，エレクトロニクス産業にも不可欠な元素である。①ケイ素には ^{28}Si，^{29}Si，^{30}Si の3種類の同位体が天然に存在し，その存在比は $^{28}Si : ^{29}Si : ^{30}Si = 1 : 0.051 : 0.034$ で，^{28}Si の存在比が大きい。ケイ素の単体は天然に存在しないが，②二酸化ケイ素を炭素とともに強熱し，還元することで得られる。純粋なケイ素は半導体の原料として，集積回路や太陽電池などに用いられる。

二酸化ケイ素そのものも重要な工業原料であり，水晶，ケイ砂，ケイ石などとして産出する。高純度の二酸化ケイ素を融解して繊維化することで ア が作られる。ケイ砂を イ と ウ とともに高温で融解し，冷却することでソーダ石灰ガラスが作られる。なお，③二酸化ケイ素がフッ化水素酸に溶ける性質を利用して，フッ化水素酸はくもりガラス製造やガラスの目盛りつけに用いられる。また，二酸化ケイ素を水酸化ナトリウムとともに融解すると，Na_2SiO_3 や Na_4SiO_4 など，種々の組成の エ が生じる。これに水を加えて熱すると，オ という無色で粘性の大きな液体となり，これに酸を加えると白色ゼリー状の カ が生成する。さらに カ を加熱して乾燥させると，多孔質の固体である キ が得られる。

問1 下線部①に示した存在比からケイ素の原子量を求めよ。ただし相対質量はそれぞれ $^{28}Si = 28.0$，$^{29}Si = 29.0$，$^{30}Si = 30.0$ である。解答は小数点第2位を四捨五入して答え，計算過程も示せ。

問2 下線部②，③をそれぞれ化学反応式で示せ。

問3 ア ～ キ に当てはまる語句を記せ。

〔阪大〕

解説

問1 同位体の存在する原子の原子量は，同位体の相対質量の平均値を求める。

$$\frac{28.0 \times 1 + 29.0 \times 0.051 + 30.0 \times 0.034}{1 + 0.051 + 0.034} \fallingdotseq 28.1$$

問2，3 ケイ素の単体は，SiO_2 を C とともに強熱し，還元することで得られる。

$SiO_2 + 2C \longrightarrow Si + 2CO$ ←②の化学反応式

高純度の SiO_2 を融解して繊維化することで 光ファイバー が作られる。ケイ砂 SiO_2 を 石灰石 $CaCO_3$ と 炭酸ナトリウム Na_2CO_3 とともに高温で融解し，冷却することでソーダ石灰ガラス（ソーダガラス）が作られる。
（イまたはウ）（ウまたはイ）

SiO_2 はフッ化水素酸に溶けるので，フッ化水素酸はくもりガラスやガラスの目盛りつけに用いられる。

$SiO_2 + 6HF \longrightarrow H_2SiF_6 + 2H_2O$ ←③の化学反応式
　　　フッ化水素酸

また，SiO_2 を NaOH とともに融解すると，Na_2SiO_3 などの ケイ酸ナトリウム が生じる。
　　　　　　　　　　　　　　　　　　　　　　　　　　　　　エ

合格PLUS1

ケイ酸ナトリウム Na_2SiO_3 に水を加えて熱すると，無色透明で粘性の大きな水あめ状の液体である 水ガラス が得られ，この水ガラスの水溶液に塩酸 HCl などの酸を加えると ケイ酸 H_2SiO_3 が析出します。
　　　オ
　　カ

$SiO_3^{2-} + 2HCl \longrightarrow H_2SiO_3 + 2Cl^-$

両辺に $2Na^+$ を加えて，

$Na_2SiO_3 + 2HCl \longrightarrow H_2SiO_3 + 2NaCl$　反応式51

この ケイ酸 H_2SiO_3 を加熱し脱水したものを シリカゲル といって，多孔質で水蒸気や他の気体分
　　カ　　　　　　　　　　　　　　　　キ
子などを吸着するので，乾燥剤や吸着剤として使われます。

（水ガラス　ケイ酸　シリカゲルの構造式図）

解答

問1 28.1（計算過程は 解説 参照）

問2 ② $SiO_2 + 2C \longrightarrow Si + 2CO$
　　　③ $SiO_2 + 6HF \longrightarrow H_2SiF_6 + 2H_2O$

問3 ア：光ファイバー　　イ，ウ：石灰石，炭酸ナトリウム（順不同）
　　　エ：ケイ酸ナトリウム　オ：水ガラス　カ：ケイ酸
　　　キ：シリカゲル

12 1・2族

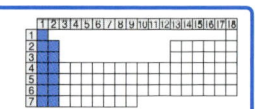

STEP 1 アルカリ金属について熟読しよう!!

水素Hを除く1族元素を**アルカリ金属**といいます。アルカリ金属の単体については,まず次の表を確認しましょう。

元素名と元素記号	電子配置	融点〔℃〕	密度〔g/cm³〕	炎色反応
リチウム ₃Li	K(2)L(1)	181	0.53	赤
ナトリウム ₁₁Na	K(2)L(8)M(1)	98	0.97	黄
カリウム ₁₉K	K(2)L(8)M(8)N(1)	64	0.86	赤紫
ルビジウム ₃₇Rb	K(2)L(8)M(18)N(8)O(1)	39	1.53	深赤
セシウム ₅₅Cs	K(2)L(8)M(18)N(18)O(8)P(1)	28	1.87	青紫

融点:高←→低 密度:水にうく

表は重要

おさえるポイントは,次の❶〜❹になります。

❶ 価電子を**1個**もっていて,**一価の陽イオン**になりやすい。
　例 Na^+,K^+など

❷ 空気中で酸化され,水と激しく反応するので**石油(灯油)中に保存**する。
　例 NaやKと水との反応
$$\begin{cases} Na \longrightarrow Na^+ + e^- & \cdots ① \\ 2H_2O + 2e^- \longrightarrow H_2 + 2OH^- & \cdots ② \end{cases}$$
$2H^+ + 2e^- \longrightarrow H_2$ の両辺に $2OH^-$ を加えてつくってもよい

①×2+②より,
$$2Na + 2H_2O \longrightarrow 2NaOH + H_2 \quad \text{反応式 52}$$
KもNaと同じように化学反応式をつくります。
$$2K + 2H_2O \longrightarrow 2KOH + H_2 \quad \text{反応式 53}$$

❸ 単体の融点は,原子番号が**小さいほど高く**なる。
　Li > Na > K > Rb > Cs

❹ 炎色反応を示し,**Liは赤色**,**Naは黄色**,**Kは赤紫色**の3つが重要。
　ゴロ合わせ ▶ リ(Li)アカー(赤)な(Na)き(黄)ケー(K)村(紫) ➡ p.25

合格 PLUS 1
リチウムは電池の材料
ナトリウムは道路照明用ランプに使用

STEP 2 ナトリウムの化合物を4つおさえよう!!

金属の酸化物はふつう塩基性酸化物です

塩基性酸化物である Na_2O は，

❶ 水と反応して $NaOH$ となり，

$$O^{2-} \overset{H^+をあげます}{+} H_2O \longrightarrow OH^- + OH^- \quad O^{2-}がH_2OからH^+をうけとる$$

両辺に $2Na^+$ を加えると，

$$Na_2O + H_2O \longrightarrow 2NaOH \quad \text{反応式 54}$$

❷ 塩酸などの酸と反応します。

$$O^{2-} + 2H^+ \longrightarrow H_2O \quad O^{2-}がH^+を2つうけとる$$

両辺に $2Na^+$，$2Cl^-$ を加えると，

$$Na_2O + 2HCl \longrightarrow H_2O + 2NaCl \quad \text{反応式 55}$$

NaOHの潮解

$NaOH$ の固体は，空気中の水分を吸収してこの水に溶け込みます。
　　　　　　　　　　　　　　　○この現象を**潮解**といいます。

$Na_2CO_3 \cdot 10H_2O$の風解

$Na_2CO_3 \cdot 10H_2O$ は，炭酸ナトリウムの水溶液を冷却すると析出し，この結晶を空気中に放置すると水和水の一部を失って $Na_2CO_3 \cdot H_2O$ になります。　　○この現象を**風解**といいます。

$NaHCO_3$

$NaHCO_3$ は，**重曹**ともいわれて，**ベーキングパウダー**や**胃腸薬**などに用いられます。

STEP 3 2族元素を表でチェック!!

BeやMgを除いたCa，Sr，Ba，…は，性質が似ているので**アルカリ土類金属**とよばれます。

元素名と元素記号		電子配置	融点〔℃〕	炎色反応	水との反応
ベリリウム $_4Be$		K(2)L(2)	1282	−	反応しない
マグネシウム $_{12}Mg$		K(2)L(8)M(2)	649	−	熱水と反応する
カルシウム $_{20}Ca$	アルカリ土類金属	K(2)L(8)M(8)N(2)	839	橙赤	冷水と反応する
ストロンチウム $_{38}Sr$		K(2)L(8)M(18)N(8)O(2)	769	紅	冷水と反応する
バリウム $_{56}Ba$		K(2)L(8)M(18)N(18)O(8)P(2)	729	黄緑	冷水と反応する

表は重要

2族元素でおさえるポイントは，次の2つになります。

❶ 価電子を**2個**もっていて，**二価の陽イオン**になりやすい。
　例 Mg^{2+}，Ca^{2+} など

❷ アルカリ土類金属は炎色反応を示し，**Caは橙赤色**，**Srは紅色**，**Baは黄緑色**の3つが重要。

　ゴロ合わせ ▶ 馬(Ba)力(緑)借りる(Ca)とう(橙)する(Sr)もくれない(紅)

↪ p.25

STEP 4　Caは反応式をマスター!!

単体について

Caは，アルカリ金属と同様に常温で水と反応し水素を発生します。
$$Ca + 2H_2O \longrightarrow Ca(OH)_2 + H_2 \quad \text{反応式 56}$$

酸化物CaOについて

CaOは生石灰ともよび，水をかけると発熱しながら消石灰$Ca(OH)_2$になります。

H⁺をあげるよ
$$O^{2-} + H_2O \longrightarrow OH^- + OH^- \quad \text{O}^{2-}\text{が}H_2O\text{から}H^+\text{をうけとる}$$
$$CaO + H_2O \longrightarrow Ca(OH)_2 \quad \text{反応式 57} \quad \text{両辺に}Ca^{2+}\text{を加える}$$

また，CaOは塩基性酸化物なので，塩酸などの酸と反応します。
$$O^{2-} + 2H^+ \longrightarrow H_2O \quad \text{O}^{2-}\text{が}H^+\text{を2つうけとる}$$
$$CaO + 2HCl \longrightarrow H_2O + CaCl_2 \quad \text{反応式 58} \quad \text{両辺に}Ca^{2+}, 2Cl^-\text{を加える}$$

コークスCと強熱すると，炭化カルシウムCaC_2が得られます。
$$\begin{cases} CaO + C \longrightarrow Ca + CO & \cdots ① \quad \text{CがCaOからOをうばう} \\ Ca + 2C \longrightarrow Ca^{2+}C_2^{2-} & \cdots ② \quad \text{Caが}Ca^{2+}\text{に2Cが}C_2^{2-}\text{に変化} \end{cases}$$

①+②より，$CaO + 3C \longrightarrow CaC_2 + CO$　反応式 59

$Ca(OH)_2$について

$Ca(OH)_2$は消石灰ともよび，その水溶液は石灰水といいます。
石灰水にCO_2を通じると，まずCO_2が水に溶けて，H_2CO_3が生成し，
$$CO_2 + H_2O \longrightarrow H_2CO_3 \quad \cdots ①$$
$Ca(OH)_2$と中和反応を起こして$CaCO_3$の白色沈殿を生成します。
$$H_2CO_3 + Ca(OH)_2 \longrightarrow CaCO_3 + 2H_2O \quad \cdots ②$$
①+②より，$CO_2 + Ca(OH)_2 \longrightarrow CaCO_3\downarrow + H_2O$　反応式 60

さらにCO_2を通じ続けると水に溶ける$Ca(HCO_3)_2$が生成して，$CaCO_3$の白色沈殿が消えます。

H⁺をあげるよ
$$CO_3^{2-} + \boxed{CO_2 + H_2O} \longrightarrow HCO_3^- + HCO_3^- \quad \text{CO}_3^{2-}\text{が}H^+\text{をうけとる}$$
$$CaCO_3 + CO_2 + H_2O \longrightarrow Ca(HCO_3)_2 \quad \text{反応式 61} \quad \text{両辺に}Ca^{2+}\text{を加える}$$

加熱すると，CO_2が追い出され再び$CaCO_3$の白色沈殿が生成します。
$$Ca(HCO_3)_2 \longrightarrow CaCO_3\downarrow + H_2O + CO_2\uparrow \quad \text{反応式 62}$$

$CaCO_3$について

$CaCO_3$は，石灰石や大理石などとして天然に存在しています。CO_2を含んだ地下水によって，$CaCO_3$が溶けて地下に鍾乳洞ができることもあります。

$CaSO_4$について

$CaSO_4$は，天然に$CaSO_4\cdot 2H_2O$（セッコウ）として産出し，このセッコウを加熱すると焼きセッコウ$CaSO_4\cdot \frac{1}{2}H_2O$になり，焼きセッコウを水で練って放置すると，ふたたびセッコウになって固まります。

$$CaSO_4\cdot 2H_2O \underset{水}{\overset{加熱}{\rightleftarrows}} CaSO_4\cdot \frac{1}{2}H_2O$$
　　セッコウ　　　　　焼きセッコウ

STEP 5 アンモニアソーダ法をマスターする!!

> アンモニアソーダ法は反応式ごと覚えることがポイント!!

炭酸ナトリウムNa_2CO_3の工業的製法を**アンモニアソーダ法(ソルベー法)**といいます。Na_2CO_3はソーダ灰とも呼ばれ,ガラス,セッケンなどの原料に用いられます。

反応1
$NaCl$の飽和水溶液に,NH_3を十分に溶かし,CO_2を通じると,NH_3とCO_2が水に溶けてできたH_2CO_3とが中和反応を起こして,NH_4^+とHCO_3^-が生成します。ここで,$NaCl$は電離しているので,比較的溶解度の小さな$NaHCO_3$が沈殿します。

$$NH_3 + \underbrace{CO_2 + H_2O}_{H^+} \longrightarrow NH_4^+ + HCO_3^- \text{(沈殿します)}$$
$$+)\quad NaCl \longrightarrow Cl^- + Na^+$$
$$NH_3 + CO_2 + H_2O + NaCl \longrightarrow NH_4Cl + NaHCO_3\downarrow \quad \cdots ① \quad \text{反応式63}$$

反応2
沈殿した$NaHCO_3$をろ過によって分け,これを焼くと熱分解反応が起こります。

$$2NaHCO_3 \longrightarrow Na_2CO_3 + CO_2 + H_2O \quad \cdots ② \quad \text{反応式64}$$

覚えるコツ ▶ HCO_3^-どうしの間でH^+をやりとりすると考えるとよい。

$$HCO_3^- + HCO_3^- \longrightarrow \underbrace{H_2CO_3}_{H_2O + CO_2\text{にわかれます}} + CO_3^{2-}$$
（H^+をわたすよ）

両辺に$2Na^+$を加えると完成します。

反応3
②の反応で生成したCO_2は①の反応を起こすのに再利用され,それだけでは足りないCO_2をおぎなうために,石灰石$CaCO_3$を焼いて熱分解反応を起こします。

$$CaCO_3 \longrightarrow CaO + CO_2 \quad \cdots ③ \quad \text{反応式65}$$

覚えるコツ ▶ CO_3^{2-}がO^{2-}とCO_2に分解すると考える。

$$O=C\begin{matrix}O^- & Ca^{2+}\\ O^-\end{matrix} \text{とれます！} \quad O^{2-}\ Ca^{2+} \longrightarrow CaO$$
$$\longrightarrow O=C=O \longrightarrow CO_2$$

反応4
③で生成したCaOを水に溶かすと$Ca(OH)_2$が生成します。

$$CaO + H_2O \longrightarrow Ca(OH)_2 \quad \cdots ④ \quad \text{反応式57} \rightarrow \text{p.58}$$

覚えるコツ ▶ O^{2-}がH_2OからH^+をうけとります。

$$O^{2-} + H_2O \longrightarrow OH^- + OH^-$$
（H^+をわたすよ）

両辺にCa^{2+}を加えると完成します!!

反応5
①で生成したNH_4Clと④で生成した$Ca(OH)_2$を反応させNH_3を回収します。

$$2NH_4Cl + Ca(OH)_2 \longrightarrow 2NH_3 + 2H_2O + CaCl_2 \quad \cdots ⑤ \quad \text{反応式37} \rightarrow \text{p.44}$$

アンモニアソーダ法全体の反応式は
①×2+②+③+④+⑤からつくることができます。

全体 $2NaCl + CaCO_3 \longrightarrow Na_2CO_3 + CaCl_2$

これだけで合格を決める問題 1・2族

12 ★★★

A，Bの文章を読み，それぞれの問いに答えよ。

A アルカリ土類金属であるカルシウムの単体を水と反応させると，気体 あ を発生して い となる。ナトリウムもやはり水と反応して あ を発生するが，反応はカルシウムの場合よりずっと激しい。

い の水溶液に気体 う をふきこむと， え の白色沈殿を生じる。ここにさらに気体 う を通じると，化合物 お となり，電離して溶ける。 え は塩酸と反応して う を発生する。また， え を約900℃で熱すると，気体 う を発生して酸化物 か となる。こうして発生させた う とともにアンモニアを用い，塩化ナトリウムを原料として工業的に炭酸ナトリウムを製造するプロセスをアンモニアソーダ法(ソルベー法)とよぶ。

問1　 あ ～ か に適切な化学式を入れよ。

B 図は炭酸カルシウムを原料として炭酸ナトリウムを工業的に製造する工程の概略を示したものである。例えば，反応器②では，飽和塩化ナトリウム水溶液に物質Ⓐと原料Ⓑを通じると，炭酸水素ナトリウムと塩化アンモニウムが生じる。なお，反応器①，③および⑤の反応を進行させるためには，加熱が必要である。

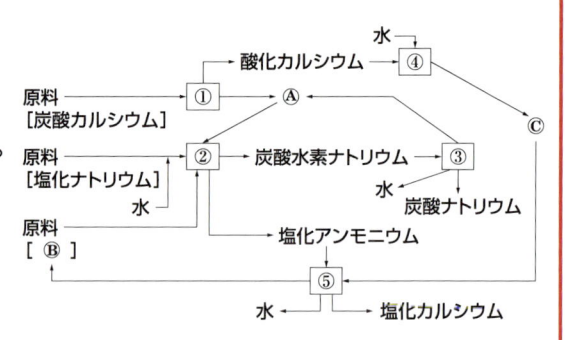

図　炭酸ナトリウムを製造する工程の概略図

問2　化合物Ⓐ，ⒷおよびⒸを，それぞれ化学式で書け。
問3　反応器①，②，③，④および⑤で起こる反応を，それぞれ化学反応式で書け。
問4　反応器①～⑤で起こる反応を一つの化学反応式にまとめて書け。
問5　炭酸カルシウム300kgが反応器①に供給され，すべての工程で物質の損失が無く反応が進行した場合，その時に生成する炭酸ナトリウムの質量(kg)を有効数字3桁で答えよ。原子量は，$CaCO_3=100$，$Na_2CO_3=106$とする。

〔A 横浜国大　B 岩手大〕

解説 A　CaをH₂Oと反応させると，

$$Ca + 2H_2O \longrightarrow Ca(OH)_2 + H_2$$

となり，$\boxed{H_2}$（あ）を発生して$\boxed{Ca(OH)_2}$（い）となる。
$\boxed{Ca(OH)_2}$（い）の水溶液つまり石灰水に$\boxed{CO_2}$（う）をふきこむと，$\boxed{CaCO_3}$（え）の白色沈殿を生じる。
ここにさらに$\boxed{CO_2}$（う）を通じると，$\boxed{Ca(HCO_3)_2}$（お）となり，電離して溶ける。$\boxed{CaCO_3}$（え）は塩酸と

$$CaCO_3 + 2HCl \longrightarrow CaCl_2 + H_2O + CO_2 \quad \text{反応式 03} \quad p.8$$

の反応をおこし，$\boxed{CO_2}$（う）を発生する。また，$\boxed{CaCO_3}$（え）を加熱すると，

$$CaCO_3 \longrightarrow CaO + CO_2$$

となり，$\boxed{CO_2}$（う）を発生して酸化物$\boxed{CaO}$（か）となる。

B　問2，3　アンモニアソーダ法における各反応が問われている。

反応器①：$CaCO_3 \longrightarrow CaO + \boxed{CO_2}_{Ⓐ}$　…ⓐ

反応器②：$NaCl + H_2O + \boxed{CO_2}_{Ⓐ} + \boxed{NH_3}_{Ⓑ} \longrightarrow NaHCO_3 + NH_4Cl$　…ⓑ

反応器③：$2NaHCO_3 \longrightarrow Na_2CO_3 + \boxed{CO_2}_{Ⓐ} + H_2O$　…ⓒ

反応器④：$CaO + H_2O \longrightarrow \boxed{Ca(OH)_2}_{Ⓒ}$　…ⓓ

反応器⑤：$2NH_4Cl + \boxed{Ca(OH)_2}_{Ⓒ} \longrightarrow 2\boxed{NH_3}_{Ⓑ} + 2H_2O + CaCl_2$　…ⓔ

問4　全体の反応は，ⓑ×2＋ⓐ＋ⓒ＋ⓓ＋ⓔより，

$$2NaCl + CaCO_3 \longrightarrow Na_2CO_3 + CaCl_2$$

問5　全体の反応式から，$CaCO_3$ 1 molからNa_2CO_3 1 molが生成することがわかるので，$CaCO_3=100$，$Na_2CO_3=106$より，

$$\underset{CaCO_3 (kg)}{300} \times \underset{CaCO_3 (g)}{10^3} \times \underset{CaCO_3 (mol)}{\frac{1}{100}} \times \underset{Na_2CO_3 (mol)}{1} \times \underset{Na_2CO_3 (g)}{106} \times \underset{Na_2CO_3 (kg)}{\frac{1}{10^3}} = 318 \text{〔kg〕}$$

解答
A　問1　あ：H_2　　い：$Ca(OH)_2$　　う：CO_2　　え：$CaCO_3$
　　　　　お：$Ca(HCO_3)_2$　　か：CaO
B　問2　Ⓐ　CO_2　　Ⓑ　NH_3　　Ⓒ：$Ca(OH)_2$
　　問3　反応器①　$CaCO_3 \longrightarrow CaO + CO_2$
　　　　　反応器②　$NaCl + H_2O + CO_2 + NH_3 \longrightarrow NaHCO_3 + NH_4Cl$
　　　　　反応器③：$2NaHCO_3 \longrightarrow Na_2CO_3 + CO_2 + H_2O$
　　　　　反応器④：$CaO + H_2O \longrightarrow Ca(OH)_2$
　　　　　反応器⑤：$Ca(OH)_2 + 2NH_4Cl \longrightarrow CaCl_2 + 2NH_3 + 2H_2O$
　　問4　$CaCO_3 + 2NaCl \longrightarrow CaCl_2 + Na_2CO_3$
　　問5　318kg

13 13族 －アルミニウムAl－

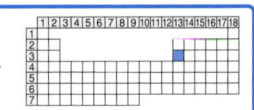

STEP 1

Alの単体の性質をチェックします。

単体の性質をおさえよう!!

① 銀白色で，展性・延性に富む**軽金属**である。
- 軽金属…密度が4.0g/cm^3以下の金属のことをいいます。
- 参考 Alの密度は2.7g/cm^3

② **ジュラルミン**の主成分である。
- ジュラルミン…Alが主成分，Cu 4 %，Mg 0.5%，Mn 0.5%などです。飛行機の機体などに使われます。

③ **両性元素**であり，酸や強塩基にH_2を発生して溶ける。

例1 Alは塩酸にH_2を発生しながら溶けます。

$\begin{cases} Al \longrightarrow Al^{3+} + 3e^- & \cdots ① \\ 2H^+ + 2e^- \longrightarrow H_2 & \cdots ② \end{cases}$

①×2＋②×3，両辺に$6Cl^-$を加えて，

$2Al + 6HCl \longrightarrow 2AlCl_3 + 3H_2$ 反応式66

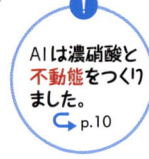

> Alは濃硝酸と**不動態**をつくりました。
> → p.10

例2 Alは水酸化ナトリウム水溶液にH_2を発生しながら溶けます。
この反応は，AlがH_2Oと酸化還元反応し，

$\begin{cases} Al \longrightarrow Al^{3+} + 3e^- & \cdots ① \\ 2H_2O + 2e^- \longrightarrow H_2 + 2OH^- & \cdots ② \end{cases}$

$2H^+ + 2e^- \longrightarrow H_2$の両辺に$2OH^-$を加えてつくってもよい

①×2＋②×3より，

$2Al + 6H_2O \longrightarrow 2Al(OH)_3 + 3H_2 \quad \cdots ③$

生成した$Al(OH)_3$がNaOHと反応すると考えるとよい。

$Al(OH)_3 + NaOH \longrightarrow Na[Al(OH)_4] \quad \cdots ④$

③＋④×2より，

$2Al + 2NaOH + 6H_2O \longrightarrow 2Na[Al(OH)_4] + 3H_2$ 反応式67

④ Fe_2O_3とAl粉末の混合物を**テルミット**といい，テルミットに点火すると高熱を発しながら激しく反応する。→テルミット反応

$Fe_2O_3 + 2Al \longrightarrow 2Fe + Al_2O_3$ 反応式68

- Fe_2O_3からOをうばう!!
- Feが得られるよ

合格 PLUS 1 ミョウバン$AlK(SO_4)_2 \cdot 12H_2O$について
(1) 無色透明の**正八面体結晶**。2種以上の塩からなる**複塩**。
(2) 水溶液は，Al^{3+}の加水分解により**弱酸性**を示す。

$AlK(SO_4)_2 \cdot 12H_2O \longrightarrow Al^{3+} + K^+ + 2SO_4^{2-} + 12H_2O$

弱酸性を示す

STEP 2 酸化物と水酸化物をチェック!!

酸化物 Al_2O_3 と水酸化物 $Al(OH)_3$ について

Al_2O_3
① **アルミナ**ともよばれ，**ルビーやサファイアの主成分**である。
② **両性酸化物**なので，酸とも強塩基とも反応する。

$Al(OH)_3$
③ **両性水酸化物**なので，酸とも強塩基とも反応する。

STEP 3 Alの製錬を最後にマスター!!

Al_2O_3までの工程

ボーキサイト ―①→ ろ液 ―②→ 沈殿物 ―③→ アルミナ
(不純物 Fe_2O_3 など) $\xrightarrow{Fe_2O_3 沈殿物}$ $[Al(OH)_4]^-$ → $Al(OH)_3$ → Al_2O_3

① **ボーキサイト**(主成分 $Al_2O_3 \cdot nH_2O$)を，濃 NaOH 水溶液に加熱溶解させます。このとき，Al_2O_3 は両性酸化物，Fe_2O_3 は塩基性酸化物なので，強塩基の NaOH と Al_2O_3 だけが $[Al(OH)_4]^-$ をつくって溶解します。

② 得られたろ液に，多量の水を加えて OH^- の濃度を小さくすると，$Al(OH)_3$ の沈殿が生じます。

③ $Al(OH)_3$ の沈殿を加熱し，純粋な Al_2O_3 をつくります。

$$2Al(OH)_3 \longrightarrow Al_2O_3 + 3H_2O$$ 反応式 69

融解塩電解

Al_2O_3 を加熱し融解させ，電気分解(融解塩電解)します。

（注 Al^{3+} を含む水溶液を電気分解しても，Al はイオン化傾向が大きいので陰極では H^+ が反応して H_2 が発生するだけで Al を得ることはできません。）

Al_2O_3(アルミナ)の融点は約2000℃と非常に高いので，融点の低い氷晶石(主成分 Na_3AlF_6)を利用して，約1000℃でアルミナを融解させます。

$$Al_2O_3 \longrightarrow 2Al^{3+} + 3O^{2-}$$ ←イオンに電離

この融解液を陽極，陰極の両方に炭素 C を使って電気分解すると，陰極では Al^{3+} から Al が得られます。

陰極での反応：$Al^{3+} + 3e^- \longrightarrow Al$

陽極では，O^{2-} が反応し生じた O が陽極の C と反応して，CO や CO_2 が生成します。

陽極での反応：$C + O^{2-} \longrightarrow CO + 2e^-$
$C + 2O^{2-} \longrightarrow CO_2 + 4e^-$

これだけで合格を決める問題 13族

13 ★★

単体のアルミニウムは，天然に産するボーキサイトを処理して得られる酸化アルミニウムAl_2O_3に，氷晶石Na_3AlF_6を加えて融解塩電解することにより製造される。(a)この電解には多くの電気量を必要とすることから，アルミニウムは電気の缶詰と呼ばれる。

単体のアルミニウムは種々の金属と合金を作る。航空機などに利用されるジュラルミンは，主成分として約95％のアルミニウムと，約4％の(b)金属元素Aを含む軽合金である。

アルミニウムの粉末と酸化鉄(Ⅲ)Fe_2O_3の粉末を混ぜて点火すると激しい反応が起こり，アルミニウムが酸化鉄(Ⅲ)Fe_2O_3を還元して，単体の鉄を生じる。

$$2Al + Fe_2O_3 \longrightarrow 2Fe + Al_2O_3$$

この反応は，テルミット反応として知られている。

アルミニウムの化合物であるミョウバン$AlK(SO_4)_2 \cdot 12H_2O$の水溶液には，2種類の塩 ア と イ のそれぞれの水溶液を混合した溶液と，同じイオンが含まれる。このように2種類以上の塩から構成される化合物で，水に溶けると個々の塩の成分に解離するものは， ウ と呼ばれる。

問1 文章中の ア および イ に当てはまる塩の化学式を記せ。ただし，水和水は省略してよい。また， ウ に適切な名称を補って文章を完成せよ。

問2 下線部(a)の電解において，1.0kgの単体のアルミニウムを得るために必要な電気量〔C〕はいくらか。有効数字2桁で求めよ。ただし，$Al=27.0$，ファラデー定数：$F=9.65 \times 10^4$〔C/mol〕とする。

問3 下線部(b)の金属元素Aとアルミニウムについて，次の問いに答えよ。

(i) 金属元素Aは，真ちゅうの主成分でもある。また金属元素Aは，塩酸にも水酸化ナトリウム水溶液にも溶解しないが，硝酸には溶解する。この金属元素Aは何か，元素記号で答えよ。

(ii) 金属元素Aを濃硫酸に入れて加熱すると，どのような反応が起こるか，反応式で記せ。ただし，Aを元素記号で表すこと。

(iii) 単体のアルミニウムは，塩酸にも水酸化ナトリウム水溶液にも溶解するが，濃硝酸の運搬容器として使用することができる。これが可能な理由を30字以内で記せ。

〔広島大〕

解説 問1 ミョウバン $AlK(SO_4)_2 \cdot 12H_2O$ は，硫酸アルミニウム $Al_2(SO_4)_3$（アまたはイ）と硫酸カリウム K_2SO_4（イまたはア）の混合水溶液を冷却すると得ることができるので，これら2種類の塩と同じイオンを含む。ミョウバンのように，2種類以上の塩が一定の割合で結合したような塩を 複塩（ウ）という。

問2 融解塩電解では，陰極で次の反応がおこり Al が析出する。

陰極(C)：$Al^{3+} + 3e^- \longrightarrow Al$

よって，Al 1 mol を析出させるには e^- 3 mol が必要になることがわかる。Al を 1.0 kg 得るために必要な e^- は，$Al = 27.0$ より，

$$1.0 \underset{Al(kg)}{} \times 10^3 \underset{Al(g)}{} \times \frac{1}{27.0} \underset{Al(mol)}{} \times 3 \underset{e^-(mol)}{} = \frac{3000}{27.0} \text{[mol]}$$

ファラデー定数が 9.65×10^4 C/mol なので，必要な電気量〔C〕は，

$$\frac{3000}{27.0} \underset{e^-(mol)}{} \times 9.65 \times 10^4 \underset{e^-(C)}{} \fallingdotseq 1.1 \times 10^7 \text{[C]}$$

問3 ジュラルミンは，主成分として，Al と約 4% の Cu を含む軽合金である。
→金属元素A

(i) 真ちゅう(黄銅)は，Cu(主成分)と Zn の合金であることからも，金属元素A は Cu とわかる。水素よりもイオン化傾向の小さな Cu は，塩酸 HCl とも水酸化ナトリウム NaOH 水溶液とも反応しないが，希硝酸や濃硝酸とは反応する。↳ p.45

(ii) Cu を濃硫酸に入れて加熱すると，酸化還元反応がおこり SO_2 が発生する。

$\begin{cases} Cu \longrightarrow Cu^{2+} + 2e^- & \cdots ① \quad ●Cu は Cu^{2+} へ \\ H_2SO_4 + 2H^+ + 2e^- \longrightarrow SO_2 + 2H_2O & \cdots ② \quad ●H_2SO_4 は SO_2 へ \end{cases}$

①+②，両辺に SO_4^{2-} を加えると，

$Cu + 2H_2SO_4 \longrightarrow CuSO_4 + SO_2 + 2H_2O$

(iii) Al はその表面にち密な酸化物の被膜ができるので，濃硝酸に溶けにくい。
→この状態を不動態という

ゴロ合わせ ▶ 濃硝酸と不動態をつくる金属は，
　　　　　　Fe(手)Ni(に)Al(アル) と覚えよう。

合格PLUS1 覚えておきたい合金
- Fe-Cr-Ni　ステンレス鋼　→さびにくい。鉄道車両などに利用
- Ni-Cr　　　ニクロム　　　→電気抵抗が大きい。電熱線などに利用
- Cu-Sn　　　青銅(ブロンズ)→硬くて美しい。美術品などになる。
- Cu-Zn　　　真ちゅう(黄銅)→美しく加工しやすい。硬貨などに利用

解答 問1 ア：$Al_2(SO_4)_3$　　イ：K_2SO_4（アとイは順不同）　　ウ：複塩

問2 1.1×10^7 C

問3 (i) Cu

(ii) $Cu + 2H_2SO_4 \longrightarrow CuSO_4 + 2H_2O + SO_2$

(iii) 表面にち密な酸化被膜ができ，濃硝酸に溶けないので。

14 遷移元素 －鉄Fe－

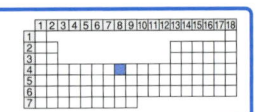

STEP 1 遷移元素の特徴をチェック!!

遷移元素の特徴

周期表3～11族の元素を遷移元素といいます。

① すべて金属元素であり，遷移金属ともいわれる。

② 最外殻電子の数がほとんど変わらず2個または1個。

元　素	$_{21}$Sc	$_{22}$Ti	$_{23}$V	$_{24}$Cr	$_{25}$Mn	$_{26}$Fe	$_{27}$Co	$_{28}$Ni	$_{29}$Cu
最外殻電子の数	2	2	2	1	2	2	2	2	1

〈遷移元素（第4周期）の最外殻電子の数〉

③ 単体の密度が大きく，**融点が高い**。

④ 価数の異なるイオンや酸化数の異なる化合物になることが多い。
　　　　　→例 Fe^{2+}とFe^{3+}　　→例 Cu_2OとCuO
　　　　　　　　　　　　　　　　　　　　+1　　+2

⑤ イオンや化合物は，**有色**のものが多い。

例　水溶液の色：Fe^{2+}→淡緑色，Fe^{3+}→黄褐色，Cu^{2+}→青色

STEP 2 Feの単体と酸化物をチェック!!

Feの単体

Feの単体については，次の2つをおさえましょう。

① イオン化傾向が水素よりも大きいので，希硫酸から電離して出てきたH^+と反応してH_2を発生する。

$$\begin{cases} Fe \longrightarrow Fe^{2+} + 2e^- & \cdots ① \\ 2H^+ + 2e^- \longrightarrow H_2 & \cdots ② \end{cases}$$

①＋②，両辺にSO_4^{2-}を加えると，

$$Fe + H_2SO_4 \longrightarrow FeSO_4 + H_2 \quad \text{反応式 70}$$

! FeはFe²⁺になりますよ

② 濃硝酸と**不動態**をつくる。

ゴロ合わせ ▶ Fe(手)Ni(に)Al(ある)

Feの酸化物　Feの酸化物は，次の2つを暗記しましょう。

Fe_2O_3	**赤鉄鉱**の主成分。鉄の**赤さび**でもある。
Fe_3O_4	**磁鉄鉱**の主成分。鉄の**黒さび**でもある。

STEP 3 鉄の製錬を詳細にマスターしよう!!

鉄の製錬

溶鉱炉の上部から鉄鉱石(赤鉄鉱:主成分Fe_2O_3など)，**コークスC**，**石灰石$CaCO_3$**を入れ，炉の下部から高温の空気を送り込むと，Cは燃焼，$CaCO_3$は熱分解反応を起こし，**CO(還元剤)が発生**します。

$C + O_2 \longrightarrow CO_2$ ◎Cの燃焼
$CaCO_3 \longrightarrow CaO + CO_2$ ◎熱分解反応 →p.59
$CO_2 + C \longrightarrow 2CO$
（CO_2からOをうばうよ）（還元剤です!）

鉄鉱石,コークス,石灰石
I 200℃
500℃
II 800℃
1000℃
III 1200℃
2000℃
空気　　空気
鉄　　　スラグ

Fe_2O_3はCOと接触し，Ⅰ〜Ⅲの各温度域で段階的に還元され，Feが溶鉱炉の底から得られます。各段階での反応は**Feの酸化数が段階的に減っていく**ことに注目しながら考えましょう。

温度域　　　　Ⅰ　　　　Ⅱ　　　　Ⅲ
　　　　　　　CO　　　　CO　　　　CO
　　$Fe_2O_3 \longrightarrow Fe_3O_4 \longrightarrow FeO \longrightarrow Fe$
Feの酸化数　+3　　　+2,+3　　　+2　　　0
　　　　　　　　（平均$+\frac{8}{3}$）

このとき，COはⅠ〜Ⅲの温度域でそれぞれ酸化されCO_2になります。これで，反応物と生成物がわかり，係数を合わせるだけで反応式を書くことができます。

（温度域Ⅰ）　$3Fe_2O_3 + CO \longrightarrow 2Fe_3O_4 + CO_2$　◎Fe_2O_3はFe_3O_4へ　…①
（温度域Ⅱ）　$Fe_3O_4 + CO \longrightarrow 3FeO + CO_2$　◎Fe_3O_4はFeOへ　…②
（温度域Ⅲ）　$FeO + CO \longrightarrow Fe + CO_2$　◎FeOはFeへ　…③

(①+②×2+③×6)÷3により，まとめると，

$Fe_2O_3 + 3CO \longrightarrow 2Fe + 3CO_2$

ここで，石灰石$CaCO_3$の熱分解により生じる塩基性酸化物のCaOは，鉄鉱石に含まれる酸性酸化物のSiO_2などを炉の最も熱い部分でケイ酸カルシウム$CaSiO_3$などのカルシウムの化合物に変化させます。

$CaO + SiO_2 \longrightarrow CaSiO_3$　反応式 71

名前と用途をチェック

このケイ酸塩は，鉄よりも密度が小さいため鉄の上に浮き，**スラグ**とよばれ，**セメントの原料**などに使われます。

また，分離した鉄は炉の底にたまり，これを凝固させたものは炭素含有量が高く**銑鉄**とよばれます。銑鉄はかたくてもろく，**鋳物**などとしてマンホールのふたなどに使用します。この銑鉄を転炉にうつして，炭素の含有量を減らすと，**鋼**を得ることができ，硬く弾力に富んで，丈夫なので主に**建築や機械の材料**として利用します。

これだけで合格を決める問題 — 遷移元素

14 ★★★

右図は溶鉱炉の概要を描いたものである。溶鉱炉の上部から，鉄鉱石，コークス，石灰石が供給される。溶鉱炉の下部からは1000℃以上の高温熱風が吹き込まれるため，コークスは速やかに酸素と反応してガス化が進行する。この時考えられる反応式には2つあり，1つは二酸化炭素の生成反応で，もう1つは一酸化炭素の生成反応である。

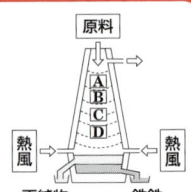

二酸化炭素はさらにコークスと反応して一酸化炭素を生成する。このような反応を経て，一酸化炭素を多く含むガスが溶鉱炉内を上昇する過程で，酸化鉄が還元される構造となっている。次の問いに答えよ。

問1 鉄の主な原料である赤鉄鉱と磁鉄鉱のそれぞれの主成分は何であるか。それぞれの化学式を書け。

問2 図中において，A，B，C，Dは鉄鉱石中の酸化鉄が順に還元されて行く過程で生じる物質を意味するものとする。Aが赤鉄鉱で，Dが鉄である場合，BおよびCに該当する物質は何であるか。それぞれの化学式を記せ。

問3 赤鉄鉱からBを生ずる反応式を記せ。また，赤鉄鉱の主成分1 molが反応する場合に必要な一酸化炭素のmol数を分数で求めよ。

問4 BからCに進行する場合の反応式を記せ。

問5 溶鉱炉から取り出される鉄は銑鉄と呼ばれるが，転炉で処理して得られる鉄は一般に何と呼ばれるか。以下のものからもっとも適切なものを1つ選択し，記号を記せ。

a　ニクロム　　b　ステンレス鋼　　c　鋼　　d　ヘキサシアニド鉄
e　酸化鉄　　　f　ジュラルミン　　g　遷移金属

問6 原料の鉄鉱石に含まれているアルミニウムやケイ素などを含む不純物は，原料の鉄鉱石とともに投入される石灰石と反応して新たな化合物となる。このような物質 ア は，銑鉄より比重が小さいために銑鉄上に浮かぶことから，銑鉄とは分離して取り出され，イ などに利用される。

物質 ア は何と呼ばれるものであるか，もっとも適切な化合物の名称を記せ。また，イ に該当するものとして，もっともふさわしいと思われるものを以下から1つ選択し，記号を記せ。

a　鉄鉱石への添加物　　b　セメントの原料　　　c　合金成分
d　磁石の材料　　　　　e　マンガン乾電池の材料　f　タイヤの強化剤

〔横浜国大(改)〕

解説

問1　赤鉄鉱の主成分→酸化鉄(Ⅲ) Fe_2O_3
　　　磁鉄鉱の主成分→四酸化三鉄 Fe_3O_4

問2　順に酸化鉄が還元されていくので，Feの酸化数は段階的に減少していく。$\boxed{A}$ は赤鉄鉱 Fe_2O_3，$\boxed{D}$ は鉄 Fe であることから，

$$\underset{\text{Feの酸化数 }+3}{\underset{A}{Fe_2O_3}} \longrightarrow \underset{\underset{(平均+\frac{8}{3})}{+2,+3}}{\underset{B}{Fe_3O_4}} \longrightarrow \underset{+2}{\underset{C}{FeO}} \longrightarrow \underset{0}{\underset{D}{Fe}}$$

となる。

問3　コークス C が O_2 と反応してガス化が進行する。

　　$C + O_2 \longrightarrow CO_2$　　●CO_2の生成反応
　　$2C + O_2 \longrightarrow 2CO$　　●COの生成反応

CO_2 はさらに C と反応して CO を生成する。

　　$CO_2 + C \longrightarrow 2CO$

このような反応を経て溶鉱炉内で CO が多く生成し，赤鉄鉱 Fe_2O_3 が還元される。

　　　　　　　　Feの個数をそろえる//
　　$\underset{\boxed{1とおく}}{1}Fe_2O_3 + \underset{\boxed{xとおく}}{x}CO \longrightarrow \underset{B}{\frac{2}{3}Fe_3O_4} + \underset{\boxed{Cの個数に注目するとxとなる}}{x}CO_2$　　●COはCO_2へ

O の個数に注目すると，

　　$3 \times 1 + x \times 1 = \frac{2}{3} \times 4 + 2x$　　よって，$x = \frac{1}{3}$

したがって，

　　$1Fe_2O_3 + \frac{1}{3}CO \longrightarrow \frac{2}{3}Fe_3O_4 + \frac{1}{3}CO_2$

全体を3倍して，

　　$3Fe_2O_3 + CO \longrightarrow 2Fe_3O_4 + CO_2$

反応式の係数から，Fe_2O_3 1 mol が反応するのに必要な CO は $\frac{1}{3}$ mol。

問4　問3と同じ方法で係数をつけるとよい。

　　$\underset{B}{Fe_3O_4} + CO \longrightarrow \underset{C}{3FeO} + CO_2$

問5　銑鉄を転炉で処理した鉄は $\boxed{鋼}$ とよばれる。

問6　鉄鉱石に含まれている不純物は，石灰石 $CaCO_3$ の熱分解により生じる CaO と反応して $\underset{ア}{\boxed{スラグ}}$ となる。スラグは，$\underset{イ}{\boxed{セメントの原料}}$ などに利用される。

解答

問1　赤鉄鉱：Fe_2O_3　　磁鉄鉱：Fe_3O_4
問2　B：Fe_3O_4　　C：FeO
問3　$3Fe_2O_3 + CO \longrightarrow 2Fe_3O_4 + CO_2$　　$\frac{1}{3}$ mol
問4　$Fe_3O_4 + CO \longrightarrow 3FeO + CO_2$
問5　c　問6　ア：スラグ　　イ：b

15 遷移元素 −銅Cu・クロムCr−

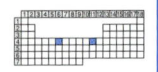

STEP 1 単体の性質をマスター!!

Cuの性質

① 単体の色が赤色。
② 電気伝導性が銀Agについで大きい。
   電気伝導性の順：Ag＞Cu＞Au＞Al＞…
③ 黄銅(Cu＋Zn)，青銅(Cu＋Sn)，白銅(Cu＋Ni)などの合金の材料になる。
④ 表面に緑色のさび(緑青)を生じることがある。
⑤ 水素よりイオン化傾向が小さいため，塩酸や希硫酸には溶けないが，濃硝酸や希硝酸，熱濃硫酸とは次のように反応して溶ける。 p.10

$$Cu + 4HNO_3 \longrightarrow Cu(NO_3)_2 + 2NO_2 + 2H_2O$$ 反応式14 p.10
$$3Cu + 8HNO_3 \longrightarrow 3Cu(NO_3)_2 + 2NO + 4H_2O$$ 反応式15 p.10
$$Cu + 2H_2SO_4 \longrightarrow CuSO_4 + SO_2 + 2H_2O$$ 反応式13 p.10

STEP 2 銅の化合物についておさえる!!

Cuの化合物

銅の化合物については，色を覚えましょう。

酸化銅(II)CuO	酸化銅(I)Cu_2O	$CuSO_4 \cdot 5H_2O$	$CuSO_4$
黒色	赤色	青色	白色

> **合格PLUS 1** $CuSO_4 \cdot 5H_2O$の青色結晶を加熱すると，白色粉末状の$CuSO_4$になります。
> $$CuSO_4 \cdot 5H_2O \longrightarrow CuSO_4 + 5H_2O$$
> $CuSO_4$の白色粉末は，水分を吸収すると青色$CuSO_4 \cdot 5H_2O$になるので，水分の検出に利用されます。

STEP 3 クロム酸塩をマスター!!

Crの化合物

クロムの化合物として，次の2つを覚えておきましょう。

① 二クロム酸カリウム$K_2Cr_2O_7$は赤橙色の結晶であり，その水溶液も赤橙色になる。
② クロム酸カリウムK_2CrO_4は黄色の結晶であり，その水溶液も黄色になる。

また，二クロム酸イオン$Cr_2O_7^{2-}$を含む赤橙色の水溶液を塩基性にするとクロム酸イオンCrO_4^{2-}になるため黄色水溶液になり，これを酸性にすると$Cr_2O_7^{2-}$になることで赤橙色の水溶液に戻ります。

$$Cr_2O_7^{2-}(赤橙色) \underset{酸性}{\overset{塩基性}{\rightleftharpoons}} CrO_4^{2-}(黄色)$$

STEP 4 最後は，銅の製錬をマスター!!

粗銅の生成

黄銅鉱を含む鉱石（黄銅鉱 $CuFeS_2$，他に SiO_2 などを含む），コークス C，石灰石 $CaCO_3$ などを溶鉱炉に入れて熱すると，硫黄分の一部は燃え，鉄分はケイ酸塩となり，硫化銅（I）Cu_2S が得られます。

$$2CuFeS_2 + 4O_2 + 2SiO_2 \longrightarrow Cu_2S + 2FeSiO_3 + 3SO_2$$

←この反応式は参考程度に見ておく

次に，炉の中で上に浮かぶ $FeSiO_3$（密度が Cu_2S より小さいため）をとり除き，分離した Cu_2S を転炉に移し，強熱しながら空気を吹き込むと，その一部が酸化されて Cu_2O と SO_2 を生じます。

$$2Cu_2S + 3O_2 \longrightarrow 2Cu_2O + 2SO_2 \quad \text{←参考程度}$$

このとき生じた Cu_2O が未反応の Cu_2S と反応し，SO_2 の発生とともに Cu が遊離します。

$$Cu_2S + 2Cu_2O \longrightarrow 6Cu + SO_2 \quad \text{←参考程度}$$

ここで得られた銅は，純度約99％程度の粗銅であり，不純物として Fe, Ni, Zn, Pb, Au, Ag などを含んでいます。

銅の電解精錬

粗銅を電気分解することにより，高純度の銅に精錬します。この電気分解のことを電解精錬といいます。

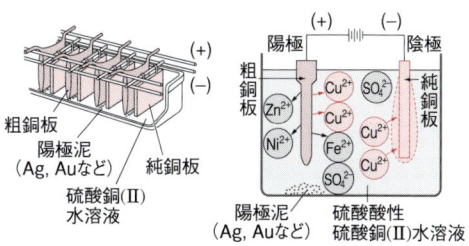

硫酸で酸性にした $CuSO_4$ 水溶液中で，陽極に粗銅，陰極には純銅を使って電気分解すると，陽極では Cu が Cu^{2+} となって溶け出し，陰極上には純銅が析出します。このとき，粗銅の中に含まれる Ag や Au などの銅よりもイオン化傾向の小さい金属は，陽イオンにならずに単体のまま陽極の下に陽極泥として沈殿し，Fe, Ni, Zn, Pb などの銅よりもイオン化傾向の大きい金属は，陽イオンになって溶け出して水溶液中に残ります。ただし，Pb については Pb^{2+} として溶け出し，すぐに溶液中の SO_4^{2-} と反応して，難溶性の $PbSO_4$ となって Ag や Au などといっしょに陽極泥の中に含まれます。

このようにして，陰極に純粋な銅を得ることができ，陽極泥の中から Ag, Au などを回収します。

陽極：主に $Cu \longrightarrow Cu^{2+} + 2e^-$

陰極：$Cu^{2+} + 2e^- \longrightarrow Cu$

これだけで合格を決める問題 遷移元素

15 ★★

次の文章を読み，下の問いに答えよ。必要なときは，次の数値を用いよ。
原子量 Cu 63.5，ファラデー定数 $F=9.65\times10^4$〔C/mol〕

金属は展性や延性が大きいだけでなく，①熱伝導性と電気伝導性が高いという特徴をもつ。このような性質のため，特に銅は電線などの電気材料に広く用いられている。

銅を湿った空気中に長く放置すると，緑色のさびを生じる。②銅は熱濃硫酸のように酸化作用のある酸には気体を発生して溶けて，硫酸銅を生成する。また，銅(Ⅱ)イオンを含む水溶液に，強塩基や少量のアンモニア水を加えると，③青白色の沈殿を生じる。さらに，④アンモニア水を過剰に加えると，沈殿が溶けて深青色の水溶液となる。

銅は単体として天然にも存在するが，多くは黄銅鉱（主成分 $CuFeS_2$）として存在する。黄銅鉱を還元して得られた銅は不純物を含む粗銅（純度は約99％）といわれる。さらに，⑤陽極として粗銅板を，陰極として純銅板を，電解質溶液として硫酸酸性の硫酸銅溶液を用いて，電気分解を行うと純度の高い銅が得られる。この操作を電解精錬という。

問1　下線①の性質を示す理由を30字以内で書け。
問2　下線②の反応を化学反応式で示せ。
問3　下線②の反応において，熱濃硫酸ではなく，濃硝酸を用いても，銅は気体を発生して溶ける。この反応の化学反応式を示せ。また，発生する気体の色を答えよ。
問4　アルミニウムは銅と異なり，濃硫酸や濃硝酸には溶けにくい。この理由を40字以内で書け。
問5　下線③で生じる沈殿を化学式で示せ。
問6　下線④の反応を化学反応式で示せ。
問7　下線⑤において，陰極に純銅が12.7g析出した。これに要した電気量（C）を有効数字3桁で求めよ。ただし，電流は銅の酸化還元のみに使われるものとし，計算過程も示せ。
問8　粗銅中に不純物として，亜鉛，金，銀，鉄が含まれている場合，硫酸銅溶液中に金属イオンとして溶けずに，陽極泥として沈殿する金属がある。その金属の元素名すべてを元素記号で答えよ。また，その理由を30字以内で書け。

〔岩手大〕

解説

問1 動きやすい自由電子があるために金属は熱や電気を導く。

問2 $Cu + 2H_2SO_4 \longrightarrow CuSO_4 + SO_2 + 2H_2O$ 反応式13 ⇨p.10

問3 $Cu + 4HNO_3 \longrightarrow Cu(NO_3)_2 + 2NO_2 + 2H_2O$ 反応式14 ⇨p.10
　　NO_2は赤褐色の気体 ⇨p.44

問4 Fe,Ni,Alなどは濃硝酸と不動態を形成する。 ⇨p.41

問5 Cu^{2+}に少量のNH_3水を加えると，$Cu(OH)_2$を生じる。 ⇨p.19
　　$Cu^{2+} + 2OH^- \longrightarrow Cu(OH)_2\downarrow$

問6 $Cu(OH)_2$の青白色沈殿にさらにNH_3水を加えると，深青色の錯イオン$[Cu(NH_3)_4]^{2+}$をつくって溶ける。 ⇨p.19
　　$Cu(OH)_2 + 4NH_3 \longrightarrow [Cu(NH_3)_4]^{2+} + 2OH^-$

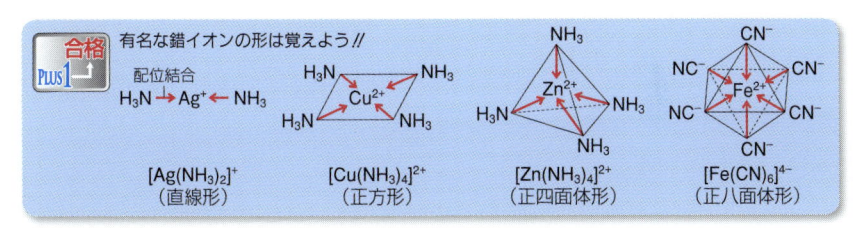

合格PLUS 有名な錯イオンの形は覚えよう//

配位結合
$H_3N \rightarrow Ag^+ \leftarrow NH_3$

$[Ag(NH_3)_2]^+$（直線形）
$[Cu(NH_3)_4]^{2+}$（正方形）
$[Zn(NH_3)_4]^{2+}$（正四面体形）
$[Fe(CN)_6]^{4-}$（正八面体形）

問7 陰極では，$Cu^{2+} + 2e^- \longrightarrow Cu$の反応がおこり純銅が析出する。
よって，Cu 1 molが析出するのにe^-が2 mol流れたことがわかる。Cuが12.7g析出したので，流れたe^-は，Cu=63.5より，

$$12.7 \underset{Cu(g)}{} \times \frac{1}{63.5} \underset{Cu(mol)/e^-(mol)}{} \times 2 = 0.400 \, [\text{mol}]$$

ファラデー定数が9.65×10^4C/molなので，この電気分解に要した電気量[C]は，

$$0.400 \underset{e^-(mol)}{} \times 9.65\times10^4 \underset{e^-(C)}{} = 3.86\times10^4 \, [\text{C}]$$

問8 銅よりもイオン化傾向の小さいAu，Agは，陽極泥として沈殿する。

解答

問1 金属原子どうしを結びつけている動きやすい自由電子があるため。

問2 $Cu + 2H_2SO_4 \longrightarrow CuSO_4 + 2H_2O + SO_2$

問3 （反応式）$Cu + 4HNO_3 \longrightarrow Cu(NO_3)_2 + 2H_2O + 2NO_2$
　　（気体の色）赤褐色

問4 ち密な酸化物の被膜が表面をおおい，内部まで反応がすすみにくいので。

問5 $Cu(OH)_2$

問6 $Cu(OH)_2 + 4NH_3 \longrightarrow [Cu(NH_3)_4](OH)_2$

問7 3.86×10^4C（計算過程は解説を参照。）

問8 （元素記号）Au，Ag
　　（理由）金，銀は銅よりイオン化傾向が小さく，酸化されにくいので。

無機化学の反応式一覧

今まで学習してきた無機化学の反応式がまとめてあります。
右ページを隠して，化学反応式を作ってみましょう。

反応式 01	硫化鉄(Ⅱ)に塩酸を加える。	↪ p.8
反応式 02	硫化鉄(Ⅱ)に希硫酸を加える。	↪ p.8
反応式 03	炭酸カルシウムに塩酸を加える。	↪ p.8
反応式 04	亜硫酸ナトリウムに希硫酸を加える。	↪ p.8
反応式 05	塩化アンモニウムに水酸化ナトリウムを混ぜて加熱する。	↪ p.8
反応式 06	塩化ナトリウムに濃硫酸を加えて加熱する。	↪ p.9
反応式 07	フッ化カルシウム(ホタル石)に濃硫酸を加えて加熱する。	↪ p.9
反応式 08	ギ酸に濃硫酸を加えて加熱する。	↪ p.9
反応式 09	塩素酸カリウムに酸化マンガン(Ⅳ)を加えて加熱する。	↪ p.9
反応式 10	亜硝酸アンモニウム水溶液を加熱する。	↪ p.9
反応式 11	亜鉛に塩酸を加える。	↪ p.10
反応式 12	亜鉛に希硫酸を加える。	↪ p.10
反応式 13	銅に熱濃硫酸を加える。	↪ p.10
反応式 14	銅に濃硝酸を加える。	↪ p.10
反応式 15	銅に希硝酸を加える。	↪ p.10
反応式 16	酸化マンガン(Ⅳ)に濃塩酸を加えて加熱する。	↪ p.11
反応式 17	過酸化水素に酸化マンガン(Ⅳ)を加える。	↪ p.11
反応式 18	硫化水素と二酸化硫黄を反応させる。	↪ p.15
反応式 19	二酸化炭素を水酸化カルシウム水溶液に通す。	↪ p.15
反応式 20	アンモニアと塩化水素を空気中で反応させる。	↪ p.15
反応式 21	一酸化窒素を空気に触れさせる。	↪ p.15
反応式 22	臭化カリウム水溶液に塩素を反応させる。	↪ p.30
反応式 23	ヨウ化カリウム水溶液に臭素を反応させる。	↪ p.30
反応式 24	フッ素を水と反応させる。	↪ p.31
反応式 25	塩素を水と反応させる。	↪ p.31
反応式 26	さらし粉に塩酸を加える。	↪ p.34
反応式 27	フッ化水素と二酸化ケイ素を反応させる。	↪ p.35
反応式 28	フッ化水素酸と二酸化ケイ素を反応させる。	↪ p.35
反応式 29	酸素中または空気中で放電する。	↪ p.38
反応式 30	ヨウ化カリウム水溶液にオゾンを通じる。	↪ p.38
反応式 31	硫黄を燃焼する。	↪ p.40
反応式 32	五酸化二バナジウムを触媒として，二酸化硫黄を酸化する。	↪ p.41
反応式 33	三酸化硫黄を水と反応させる。	↪ p.41
反応式 34	スクロースに濃硫酸を作用させる。	↪ p.41
反応式 35	アンモニアを水に溶かす。	↪ p.44
反応式 36	窒素と水素を鉄を主成分とする触媒を使って反応させる。	↪ p.44
反応式 37	塩化アンモニウムと水酸化カルシウムの混合物を加熱する。	↪ p.44

反应式 01 $FeS + 2HCl \longrightarrow H_2S + FeCl_2$

反应式 02 $FeS + H_2SO_4 \longrightarrow H_2S + FeSO_4$

反应式 03 $CaCO_3 + 2HCl \longrightarrow H_2O + CO_2 + CaCl_2$

反应式 04 $Na_2SO_3 + H_2SO_4 \longrightarrow H_2O + SO_2 + Na_2SO_4$

反应式 05 $NH_4Cl + NaOH \longrightarrow NH_3 + H_2O + NaCl$

反应式 06 $NaCl + H_2SO_4 \longrightarrow HCl + NaHSO_4$

反应式 07 $CaF_2 + H_2SO_4 \longrightarrow 2HF + CaSO_4$

反应式 08 $HCOOH \longrightarrow CO + H_2O$

反应式 09 $2KClO_3 \longrightarrow 2KCl + 3O_2$

反应式 10 $NH_4NO_2 \longrightarrow N_2 + 2H_2O$

反应式 11 $Zn + 2HCl \longrightarrow ZnCl_2 + H_2$

反应式 12 $Zn + H_2SO_4 \longrightarrow ZnSO_4 + H_2$

反应式 13 $Cu + 2H_2SO_4 \longrightarrow CuSO_4 + SO_2 + 2H_2O$

反应式 14 $Cu + 4HNO_3 \longrightarrow Cu(NO_3)_2 + 2NO_2 + 2H_2O$

反应式 15 $3Cu + 8HNO_3 \longrightarrow 3Cu(NO_3)_2 + 2NO + 4H_2O$

反应式 16 $MnO_2 + 4HCl \longrightarrow MnCl_2 + Cl_2 + 2H_2O$

反应式 17 $2H_2O_2 \longrightarrow O_2 + 2H_2O$

反应式 18 $2H_2S + SO_2 \longrightarrow 3S + 2H_2O$

反应式 19 $CO_2 + Ca(OH)_2 \longrightarrow CaCO_3 + H_2O$

反应式 20 $NH_3 + HCl \longrightarrow NH_4Cl$

反应式 21 $2NO + O_2 \longrightarrow 2NO_2$

反应式 22 $Cl_2 + 2KBr \longrightarrow 2KCl + Br_2$

反应式 23 $Br_2 + 2KI \longrightarrow 2KBr + I_2$

反应式 24 $2F_2 + 2H_2O \longrightarrow 4HF + O_2$

反应式 25 $Cl_2 + H_2O \rightleftharpoons HCl + HClO$

反应式 26 $CaCl(ClO) \cdot H_2O + 2HCl \longrightarrow CaCl_2 + Cl_2 + 2H_2O$

反应式 27 $SiO_2 + 4HF \longrightarrow SiF_4 + 2H_2O$

反应式 28 $SiO_2 + 6HF \longrightarrow H_2SiF_6 + 2H_2O$

反应式 29 $3O_2 \longrightarrow 2O_3$

反应式 30 $2KI + O_3 + H_2O \longrightarrow I_2 + O_2 + 2KOH$

反应式 31 $S + O_2 \longrightarrow SO_2$

反应式 32 $2SO_2 + O_2 \longrightarrow 2SO_3$

反应式 33 $SO_3 + H_2O \longrightarrow H_2SO_4$

反应式 34 $C_{12}H_{22}O_{11} \longrightarrow 12C + 11H_2O$

反应式 35 $NH_3 + H_2O \rightleftharpoons NH_4^+ + OH^-$

反应式 36 $N_2 + 3H_2 \rightleftharpoons 2NH_3$

反应式 37 $2NH_4Cl + Ca(OH)_2 \longrightarrow 2NH_3 + 2H_2O + CaCl_2$

反応式 38	高温で窒素と酸素を反応させる。	↳p.44
反応式 39	二酸化窒素の一部が四酸化二窒素に変化する。	↳p.44
反応式 40	アンモニアを白金触媒を使って高温で酸素と反応させる。	↳p.45
反応式 41	二酸化窒素を温水に吸収させる。	↳p.45
反応式 42	オストワルト法全体の化学反応式。	↳p.45
反応式 43	硝酸の電離。	↳p.45
反応式 44	リンを空気中で燃焼させる。	↳p.48
反応式 45	十酸化四リンを水に加えて加熱する。	↳p.49
反応式 46	リン酸カルシウムを希硫酸に加える。	↳p.49
反応式 47	リン酸カルシウムをリン酸に加える。	↳p.49
反応式 48	二酸化ケイ素をコークスで還元する。	↳p.52
反応式 49	二酸化ケイ素を水酸化ナトリウムとともに加熱する。	↳p.53
反応式 50	二酸化ケイ素を炭酸ナトリウムとともに加熱する。	↳p.53
反応式 51	ケイ酸ナトリウムに塩酸を加える。	↳p.55
反応式 52	ナトリウムと水を反応させる。	↳p.56
反応式 53	カリウムと水を反応させる。	↳p.56
反応式 54	酸化ナトリウムと水を反応させる。	↳p.57
反応式 55	酸化ナトリウムと塩酸を反応させる。	↳p.57
反応式 56	カルシウムと水を常温で反応させる。	↳p.58
反応式 57	酸化カルシウム(生石灰)と水を反応させる。	↳p.58
反応式 58	酸化カルシウム(生石灰)と塩酸を反応させる。	↳p.58
反応式 59	酸化カルシウム(生石灰)とコークスを混ぜて強熱する。	↳p.58
反応式 60	石灰水に二酸化炭素を通じる。	↳p.58
反応式 61	反応式 60 の溶液に二酸化炭素を通じ続ける。	↳p.58
反応式 62	炭酸水素カルシウム水溶液を加熱する。	↳p.58
反応式 63	塩化ナトリウム飽和水溶液にアンモニアを十分に溶かし二酸化炭素を通じる。	↳p.59
反応式 64	炭酸水素ナトリウムを強熱する。	↳p.59
反応式 65	炭酸カルシウム(石灰石)を強熱する。	↳p.59
反応式 66	アルミニウムに塩酸を加える。	↳p.62
反応式 67	アルミニウムに水酸化ナトリウム水溶液を加える。	↳p.62
反応式 68	酸化鉄(III)とアルミニウムの混合物に点火する。	↳p.62
反応式 69	水酸化アルミニウムを加熱する。	↳p.63
反応式 70	鉄に希硫酸を加える。	↳p.66
反応式 71	酸化カルシウムと二酸化ケイ素の混合物を加熱する。	↳p.67

反应 38 $N_2 + O_2 \longrightarrow 2NO$

反应 39 $2NO_2 \rightleftharpoons N_2O_4$

反应 40 $4NH_3 + 5O_2 \longrightarrow 4NO + 6H_2O$

反应 41 $3NO_2 + H_2O \longrightarrow 2HNO_3 + NO$

反应 42 $NH_3 + 2O_2 \longrightarrow HNO_3 + H_2O$

反应 43 $HNO_3 \longrightarrow H^+ + NO_3^-$

反应 44 $4P + 5O_2 \longrightarrow P_4O_{10}$

反应 45 $P_4O_{10} + 6H_2O \longrightarrow 4H_3PO_4$

反应 46 $Ca_3(PO_4)_2 + 2H_2SO_4 \longrightarrow Ca(H_2PO_4)_2 + 2CaSO_4$

反应 47 $Ca_3(PO_4)_2 + 4H_3PO_4 \longrightarrow 3Ca(H_2PO_4)_2$

反应 48 $SiO_2 + 2C \longrightarrow Si + 2CO$

反应 49 $SiO_2 + 2NaOH \longrightarrow Na_2SiO_3 + H_2O$

反应 50 $SiO_2 + Na_2CO_3 \longrightarrow Na_2SiO_3 + CO_2$

反应 51 $Na_2SiO_3 + 2HCl \longrightarrow H_2SiO_3 + 2NaCl$

反应 52 $2Na + 2H_2O \longrightarrow 2NaOH + H_2$

反应 53 $2K + 2H_2O \longrightarrow 2KOH + H_2$

反应 54 $Na_2O + H_2O \longrightarrow 2NaOH$

反应 55 $Na_2O + 2HCl \longrightarrow H_2O + 2NaCl$

反应 56 $Ca + 2H_2O \longrightarrow Ca(OH)_2 + H_2$

反应 57 $CaO + H_2O \longrightarrow Ca(OH)_2$

反应 58 $CaO + 2HCl \longrightarrow H_2O + CaCl_2$

反应 59 $CaO + 3C \longrightarrow CaC_2 + CO$

反应 60 $CO_2 + Ca(OH)_2 \longrightarrow CaCO_3 + H_2O$

反应 61 $CaCO_3 + CO_2 + H_2O \longrightarrow Ca(HCO_3)_2$

反应 62 $Ca(HCO_3)_2 \longrightarrow CaCO_3 + H_2O + CO_2$

反应 63 $NH_3 + CO_2 + H_2O + NaCl \longrightarrow NH_4Cl + NaHCO_3$

反应 64 $2NaHCO_3 \longrightarrow Na_2CO_3 + CO_2 + H_2O$

反应 65 $CaCO_3 \longrightarrow CaO + CO_2$

反应 66 $2Al + 6HCl \longrightarrow 2AlCl_3 + 3H_2$

反应 67 $2Al + 2NaOH + 6H_2O \longrightarrow 2Na[Al(OH)_4] + 3H_2$

反应 68 $Fe_2O_3 + 2Al \longrightarrow 2Fe + Al_2O_3$

反应 69 $2Al(OH)_3 \longrightarrow Al_2O_3 + 3H_2O$

反应 70 $Fe + H_2SO_4 \longrightarrow FeSO_4 + H_2$

反应 71 $CaO + SiO_2 \longrightarrow CaSiO_3$